复合左右手传输线的设计及应用研究

曾会勇　安 建　王世强　徐 彤　王光明　著

西北工業大學出版社

西 安

【内容简介】 左手材料已成为当今最具活力的研究学科之一，复合左右手传输线的提出，为人们认识左手效应的物理机制提供了一个普遍方法，为基于传输线技术的左手材料的设计提供了理论依据。本书以复合左右手传输线理论为基础，以理论分析、电路等效、电磁仿真和实验测试相结合为手段，对复合左右手传输线的设计及应用进行了研究。本书主要介绍复合左右手传输线基本理论、逆开口谐振单环的负介电常数效应及应用研究、基于逆开口谐振单环的复合左右手传输线的小型化设计及应用研究、新型复合左右手传输线结构的设计及应用研究等。内容既包含理论分析，又包含应用设计。

本书可以作为相关研究人员掌握复合左右手传输线的理论技术以及解决有关应用问题的工程技术人员参考用书。

图书在版编目(CIP)数据

复合左右手传输线的设计及应用研究/曾会勇等著
.—西安:西北工业大学出版社，2019.8
ISBN 978-7-5612-6519-2

Ⅰ.①复… Ⅱ.①曾… Ⅲ.①传输线理论-研究
Ⅳ.①TN81

中国版本图书馆CIP数据核字(2019)第182850号

FUHE ZUOYOUSHOU CHUANSHUXIAN DE SHEJI JI YINGYONG YANJIU
复合左右手传输线的设计及应用研究

责任编辑: 朱辰浩　　**策划编辑:** 杨　军
责任校对: 张　潼　　**装帧设计:** 李　飞
出版发行: 西北工业大学出版社
通信地址: 西安市友谊西路127号　　邮编:710072
电　　话: (029)88491757，88493844
网　　址: www.nwpup.com
印 刷 者: 兴平市博闻印务有限公司
开　　本: 710 mm×1 000 mm　　1/16
印　　张: 6.625
字　　数: 122千字
版　　次: 2019年8月第1版　　2019年8月第1次印刷
定　　价: 48.00元

前　言

新材料的探索和开发一直是人类不懈的奋斗目标和进步手段。近年来，左手材料在电磁学、固体物理学、材料学和光学等领域得到了极大关注。该材料与右手材料互为对偶，很多性质是互补的，因此，许多传统的器件和结构可以尝试利用左手材料来实现，不仅能够改善原有的性能，而且还能开发出许多新的功能。

复合左右手传输线法的提出，为人们研究左手材料的物理机制提供了一个普遍的方法，同时为基于传输线技术的左手材料的设计提供了理论依据。复合左右手传输线独特的色散关系使其具有传统的传输线所不具备的特性，如双频段、小型化、频率抑制等，因此，很多传统微波元器件可采用复合左右手传输线来设计，使原有性能得到改善，更好地满足电路指标要求。基于分立形式的集总参数元件的复合左右手传输线不能应用于高频；基于微加工工艺的集总参数元件可以工作在高频，但工作于低频时占用的面积较大，加工成本高。而平面结构的复合左右手传输线因结构简单、不需要集总元件、易于实现、能工作于很宽的频带而具有更大的应用潜力。本书主要是关于平面结构的复合左右手传输线的设计及应用方面的研究。

本书以复合左右手传输线理论为基础，以理论分析、电路等效、电磁仿真和实验测试相结合为手段，对复合左右手传输线的设计及应用进行研究，主要工作如下：①研究逆开口谐振单环的负介电常数效应及应用。提出一种改进型的缝隙加载逆开口谐振单环，可有效控制传输零点的位置，并将之应用到低通滤波器的设计和微带天线的谐波抑制中。②研究基于逆开口谐振单环的复合左右手传输线的小型化设计及应用。提出一种新型的复合左右手传输线的小型化方法——蜿蜒线法，与传统的二次 Koch 分形使尺寸减小 34%相比，蜿蜒线法可使尺寸减小 52%；应用该方法设计的分支线耦合器，面积只有传统分支线耦合器的 22.8%。③研究一种基于微带缝隙和接地过孔的新型复合左右手传输线的设计。运用色散曲线证明所提结构为复合左右手传输线结构；提出等效电路模型，将等效电路结果与电磁仿真结果进行了比较，验证等效电路模型的正确性；并研究结构参数的变化对 **S** 参数的影响。④研究新型复合左右手传输线结构在平衡条件和非平衡条件下的应用。在平衡条件下，设计一种新颖的带通滤波器，并基于带通滤波器的实现方式设计新型双工器，实验结果表明，双工器有效地实现两个频带的隔离；在非平衡条件下，将复合左右手传输线的左手通带和右手通带分离，制作新型的双通带滤波器，实验结果表明，双通带滤波器有效地实现两个通带的带内传输和带外抑制。

本书的研究工作和出版得到了国家自然科学基金项目（项目编号：61701527,60971118,61601499）和陕西省自然科学基础研究计划（项目编号：2019JQ－583）的部分资助。

本书可以帮助相关工程技术和研究人员理解复合左右手传输线的理论技术，解决有关应用问题。

本书内容以曾会勇博士攻读硕士阶段的研究成果为主，其他署名作者也做了大量细致的工作。其中安建编写了第1章，王世强编写了第2章，徐彤编写了第3章，王光明编写了第4章，曾会勇编写了第5,6章。

写作本书曾参阅了相关文献、资料，在此，谨向其作者深表谢忱。

由于笔者水平有限，书中难免存在一些缺点和不足，恳请广大读者和有关专家批评、指正。

著　者

2019年5月

目　　录

第1章 绪　论

新材料的探索和开发一直是人类不懈的奋斗目标和进步手段。近年来，左手材料在电磁学、固体物理学、材料学和光学等领域得到了极大关注。该材料与右手材料互为对偶，很多性质是互补的，因此，许多传统的器件和结构可以尝试利用左手材料来实现，不仅能够改善原有的性能，而且还能开发出许多新的功能。

复合左右手(Composite Right/Left-Handed，CRLH)传输线法的提出，为人们研究左手材料的物理机制提供了一个普遍的方法，同时为基于传输线技术的左手材料的设计提供了理论依据。复合左右手传输线独特的色散关系使其具有传统的传输线所不具备的特性，如双频段、小型化、频率抑制等。因此，很多传统微波元器件可采用复合左右手传输线来设计，使原有性能得到改善，更好地满足电路指标要求。基于分立形式的集总参数元件的复合左右手传输线不能应用于高频；基于微加工工艺的集总参数元件可以工作在高频，但工作于低频时占用的面积较大，加工成本高。而平面结构的复合左右手传输线因结构简单、不需要集总元件、易于实现以及能工作于很宽的频带而具有更大的应用潜力。本书主要是关于平面复合左右手传输线的设计及应用方面的研究。

作为应用电磁学一个新的分支，复合左右手传输线有着巨大的研究空间和良好的应用前景。因此，对复合左右手传输线的设计及应用进行研究具有重要意义。

1.1 左手材料的基本特性

1.1.1 左手材料的定义

电磁波在无源理想媒质中传播时，麦克斯韦方程为

$$\left.\begin{aligned}\nabla\times \boldsymbol{E} &= -\frac{\partial \boldsymbol{B}}{\partial t}\\ \nabla\times \boldsymbol{H} &= \frac{\partial \boldsymbol{D}}{\partial t}\\ \nabla\cdot \boldsymbol{E} &= 0\\ \nabla\cdot \boldsymbol{H} &= 0\end{aligned}\right\}\tag{1-1}$$

式中，$\boldsymbol{E}$ 表示电场强度，$\boldsymbol{H}$ 表示磁场强度，$\boldsymbol{B}$ 表示磁通量密度，$\boldsymbol{D}$ 表示电通量密度。

对于各向同性媒质，电场强度 $\boldsymbol{E}$ 与电通量密度 $\boldsymbol{D}$ 以及磁场强度 $\boldsymbol{H}$ 和磁通量密度 $\boldsymbol{B}$ 之间满足本构关系：

$$\left.\begin{aligned}\boldsymbol{B} &= \mu\boldsymbol{H}\\ \boldsymbol{D} &= \varepsilon\boldsymbol{E}\end{aligned}\right\} \tag{1-2}$$

式中，ε 为媒质的介电常数，μ 为媒质的磁导率。对理想介质中的平面波，可得到如下关系[1]：

$$\left.\begin{aligned}\boldsymbol{k}\times\boldsymbol{E} &= \mu\omega\boldsymbol{H}\\ \boldsymbol{k}\times\boldsymbol{H} &= -\varepsilon\omega\boldsymbol{E}\\ \boldsymbol{k}\cdot\boldsymbol{E} &= 0\\ \boldsymbol{k}\cdot\boldsymbol{H} &= 0\end{aligned}\right\} \tag{1-3}$$

坡印亭矢量的表达形式为

$$\boldsymbol{S} = \frac{1}{2}(\boldsymbol{E}\times\boldsymbol{H}^{*}) = \frac{1}{2\omega^{2}\mu\varepsilon}(\boldsymbol{k}\times\boldsymbol{E})^{*}\times(\boldsymbol{k}\times\boldsymbol{H}) = \frac{\boldsymbol{k}}{2\omega\mu}|\boldsymbol{E}|^{2} = \frac{\boldsymbol{k}}{2\omega\varepsilon}|\boldsymbol{H}|^{2} \tag{1-4}$$

由式(1-3)可以看出，当介电常数 ε 和磁导率 μ 同时大于零时，电场强度 $\boldsymbol{E}$、磁场强度 $\boldsymbol{H}$ 和电磁波的波矢量 $\boldsymbol{k}$ 三者构成右手螺旋关系，又由式(1-4)中坡印亭矢量的表达式可以看出，电场强度 $\boldsymbol{E}$、磁场强度 $\boldsymbol{H}$ 和坡印亭矢量 $\boldsymbol{S}$ 三者满足右手螺旋关系，因此坡印亭矢量 $\boldsymbol{S}$ 和波矢量 $\boldsymbol{k}$ 的方向相同，为前向波；而当介电常数 ε 和磁导率 μ 同时小于零时，电场强度 $\boldsymbol{E}$、磁场强度 $\boldsymbol{H}$ 和坡印亭矢量 $\boldsymbol{S}$ 三者构成左手螺旋关系，坡印亭矢量 $\boldsymbol{S}$ 和波矢量 $\boldsymbol{k}$ 的方向相反，为后向波。

由于电场强度 $\boldsymbol{E}$、磁场强度 $\boldsymbol{H}$、波矢量 $\boldsymbol{k}$ 三者间不满足通常的右手螺旋关系，而是满足左手螺旋关系，苏联物理学家 Veselago 将之命名为“左手材料(Left-Handed Materials，LHM)”[2]。此外，研究人员从不同的侧重点出发，给这一具有新奇电磁学和光学特性的物质定义了不同的名称，主要有以下几种常用的定义[3]。

1. 异向介质

美国麻省理工学院孔金瓯教授详细研究了电磁波在这类特殊介质中的特性后，为突出电磁波在这种介质中传播时所表现出的不同于传统介质的各种逆向或反向效应，建议其中文名称为“异向介质(Meta-Material)”。

2. 负折射率物质

当传统介质被这类特殊介质替代后，折射率将变为负值，为了满足电磁场在分界面处的连续性，其折射方向(折射角)将发生偏移，和电磁波的入射方向位于法线的同侧，这与传统的斯涅尔折射效应不同，称之为逆斯涅尔折射效应，也称为“负折射”，因此这种物质也被称为“负折射率物质(Negative Index of Refraction Material，NIRM)”。

3. 双负介质

介电常数 ε 和磁导率 μ 是描述均匀媒质电磁特性的两个最基本的宏观物理量。通常也用相对介电常数 $\varepsilon_r=\varepsilon/\varepsilon_0$ 和相对磁导率 $\mu_r=\mu/\mu_0$ 表征媒质的电磁特性，理论上 ε_r 和 μ_r 的符号均可正可负。这类特殊介质的介电常数和磁导率都为负数，因此也被称为“双负介质(Double Negative Material，DNM)”。

4. 人工合成复合材料

Veselago 虽然从理论的角度研究了这类特殊介质的电动力学性质，但自然界从来没有发现这样的物质，这种介质是人造的而非自然界中存在的，所以也有学者称之为“人工复合材料(Composite Meta-Material，CMM)”。

本书尊重 Veselago 对左手材料的创造性贡献，并采用他对该特殊材料的首次命名——“左手材料”。电磁波在左手材料中传播时，坡印亭矢量 $\boldsymbol{S}$ 和波矢量 $\boldsymbol{k}$ 的反向平行关系，将会出现一系列反常的电磁学和光学行为。

1.1.2　左手材料的奇异电磁特性

波矢量和坡印亭矢量的反向平行关系，是电磁波在左手材料和常规介质中传播时最根本的差别，由此 Veselago 还预言了电磁波在左手材料中的一系列奇异的电磁学和光学行为，如逆 Doppler 效应、逆 Cerenkov 辐射、负斯涅尔折射效应、逆 Goos-Hänchen 位移等[2,4-5]。

1. 逆 Doppler 效应

在右手材料(即传统材料)中，当波源和观察者发生相对移动时，将产生 Doppler 效应，即观测者靠近波源移动时，所接收到的频率偏高；远离波源移动时，接收到的频率偏低，这是正常的 Doppler 效应。在左手材料中，相位的传播方向与能量的传播方向相反，因此当观测者靠近波源移动时，接收到的频率偏低；远离波源移动时，接收到的频率偏高，这刚好与正常的 Doppler 效应相反，称之为“逆 Doppler 效应”。

2. 逆 Cerenkov 辐射

高速带电粒子在非真空的透明介质中穿行，会在其周围引起诱导电流，形成 Cerenkov 辐射。在右手材料中，次波干涉后形成的波前(即等相位面)是一个锥面。电磁波沿此锥面的法线方向辐射出去，形成一个向后的锥角，称之为

“正常 Cerenkov 辐射”，如图 1-1(a)所示。当带电粒子在左手材料中运动时，相位的传播方向与能量的传播方向相反，因此辐射方向将背向粒子的运动方向，形成一个向前的锥角，称之为“逆 Cerenkov 辐射”，如图 1-1(b)所示。

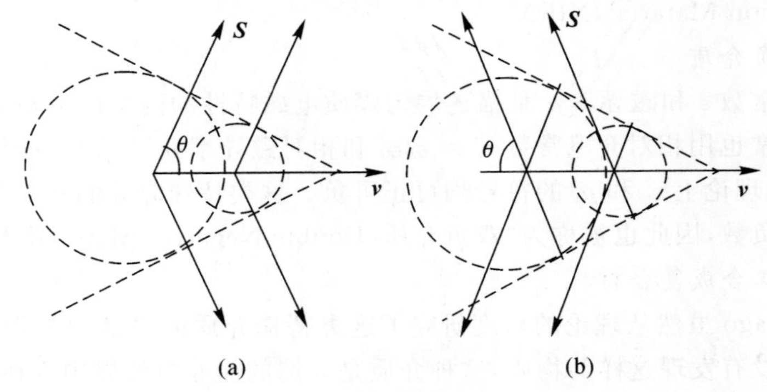

图 1-1 Cerenkov 辐射

(a)正常 Cerenkov 辐射； (b)逆 Cerenkov 辐射

3. 负斯涅尔折射效应

根据电磁场在不同媒质分界面上的连续条件，在分界面的每一点处电场强度 $\boldsymbol{E}$ 和磁场强度 $\boldsymbol{H}$ 的切向量都应连续，这一条件对所有时间均成立，可得到如下的关系式：

$$\frac{\sin\theta_{\mathrm{i}}}{\sin\theta_{\mathrm{t}}}=\frac{k_{\mathrm{t}}}{k_{\mathrm{i}}}=\frac{n_2}{n_1} \tag{1-5}$$

此即斯涅尔折射定律。

在右手材料分界面处，反射波和入射波位于界面法线两侧，且反射角等于入射角；入射波和折射波分别位于界面法线两侧，且折射角与入射角满足式(1-5)表示的斯涅尔折射定律，称之为“正折射”。当分界面一侧的右手材料被左手材料替代后，由于左手材料的折射率为负值，为了满足电磁场在分界面处的连续性，其折射方向将发生偏移，这与传统的斯涅尔折射效应不同，称之为“负斯涅尔折射效应”。

4. 逆 Goos-Hänchen 位移

当电磁波在两种介质的分界面处发生全反射时，反射波束在界面上相对于预言的位置有一个很小的侧向位移，且该位移沿电磁波传播的方向，称之为“Goos-Hänchen 位移”，如图 1-2(a)所示。“Goos-Hänchen 位移”的大小仅与两种介质的相对折射率及入射电磁波的方向有关。若将右手材料变为左手材料，则该位移沿入射电磁波传播的相反方向，称之为“逆 Goos-Hänchen 位移”,如图 1－2(b)所示。

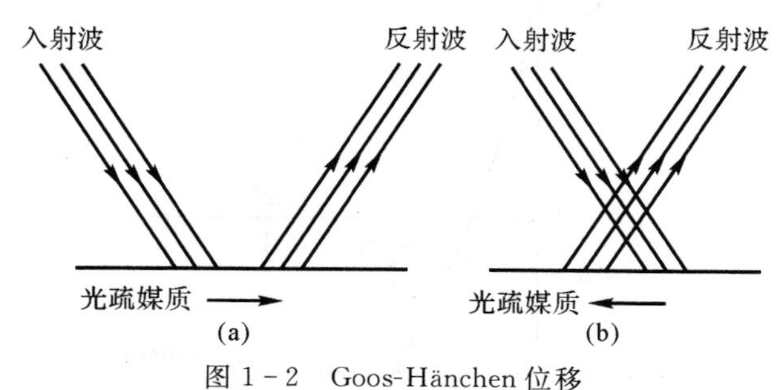

图 1－2　Goos-Hänchen 位移

(a)正常 Goos-Hänchen 位移;(b)逆 Goos-Hänchen 位移

1.1.3　复合左右手传输线特性分析

由于电场、磁场与波矢量构成左手螺旋关系,基于传输线结构的左手材料被称为左手传输线,为便于对比,传统传输线被称为右手传输线。由电磁场理论可知,当电磁波通过传输线时会产生分布参数效应,因为实际结构中不可避免地存在寄生串联电感和并联电容所产生的右手效应,其中寄生电容是由电压梯度产生的,寄生电感是由电流沿金属化方向的流动产生的,可见,理想的左手传输线并不存在,因此就出现了复合左右手传输线的概念,许多文献也称为左右手传输线。随着研究的深入,相继出现了广义复合左右手传输线、对偶复合左右手传输线及单一复合左右手传输线等新概念,本书将这些类型均归为复合左右手传输线的范畴,作为复合左右手传输线的拓展研究内容。

复合左右手传输线的非线性色散曲线及相位常数可在实数域内任意取值,使其在微波领域应用时,具有右手传输线所不具备的特性,如双/多频特性、宽带移相特性、小型化特性及零/负阶谐振特性。本节简要说明和分析这 4 种特性的基本原理。

1. 双/多频特性

右手传输线的相移与频率成线性关系,不适合双/多频器件的设计,而左手传输线的相移与频率成非线性关系,可以实现任意双/多频微波器件的设计。以复合左右手传输线的双频特性为例,借助图 1－3 进行说明。

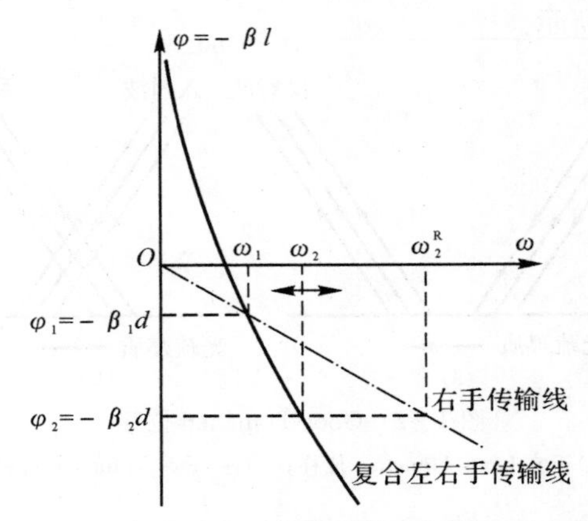

图 1－3　复合左右手传输线的双频原理示意图

一般而言，双频微波器件，如分支线耦合器、环形电桥和功分器等，在两个工作频率点上不仅对传输线的特性阻抗有要求，对相移也有特别要求。例如，多数双频器件对相移的要求为 90°和 270°，由于右手传输线在很宽的频率范围内的相移与频率成线性关系，即一个工作频率设计好之后，其他工作频率只能为这个频率的奇数倍。但在目前的无线通信系统中，对双频器件的工作频率要求并不一定是奇数倍关系，因此无法利用右手传输线来设计双频器件。而复合左右手传输线具有非线性的相移特性，如果特性阻抗满足要求，经过合理设计，可在期望的频点上获得 90°和 270°相移。理论上可通过复合左右手传输线设计任意双/多频的微波器件。另外，在双/多频天线的设计上，常采用复合左右手传输线的正阶、零阶和负阶谐振模式，这在 4. 零/负阶谐振特性中会详细说明。

2. 宽带移相特性

传统的差分移相线是依靠两条传输线的长度差来实现相移的，如图 1－4(a)所示，两条传输路径的电长度差决定了相移量。若设一条路径的长度为 l_1，相移为 φ_1，另一条路径的长度为 l_2，相移为 φ_2，则所产生的相移量为

$$\Delta\varphi = \beta(l_2 - l_1) = 2\pi(l_2 - l_1)/\lambda_g \tag{1-6}$$

式中，β 为传输线相位常数，λ_g 为传输线中的波长，$\Delta\varphi$ 为相移量。

如果在差分移相线中，把其中的一条右手传输线替换为复合左右手传输线，如图 1－4(b)所示，通过控制复合左右手传输线的相移量，使复合左右手传输线相移量的倾斜角度和右手传输线相移量的倾斜角度在较宽频带内平行，则可以展宽移相器的工作带宽，现在详细讨论这一原理。

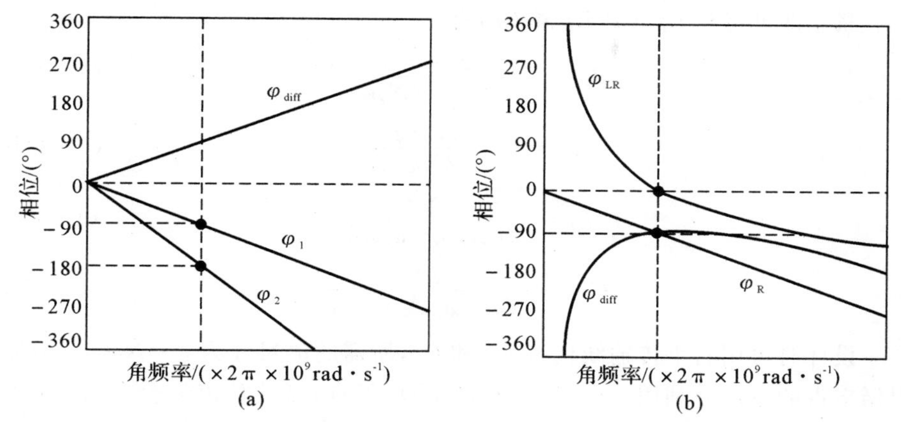

图 1-4　右手传输线及复合左右手传输线的宽带移相原理示意图

(a)右手传输线;(b)复合左右手传输线

由一段长为 l 的右手传输线产生的相移可表示为

$$\varphi_{\mathrm{RH}}=-\beta l=-\sqrt{\mu_{\mathrm{eff}}\varepsilon_{\mathrm{eff}}}\,l\omega/c$$

若要求传输线在频率为 ω_{S} 时产生的相移为 $\varphi_{\mathrm{RH,S}}$,则上式就可写为

$$\varphi_{\mathrm{RH}}(\omega=\omega_{\mathrm{S}})=-\sqrt{\mu_{\mathrm{eff}}\varepsilon_{\mathrm{eff}}}\,l\omega_{\mathrm{S}}/c=\varphi_{\mathrm{RH,S}}$$

在另一条支路上,由 N 级复合左右手传输线单元电路所产生的相移为

$$\varphi_{\mathrm{CRLH}}=-N\left(\omega\sqrt{L_{\mathrm{R}}C_{\mathrm{R}}}-\frac{1}{\omega\sqrt{L_{\mathrm{L}}C_{\mathrm{L}}}}\right)\tag{1-7}$$

若要求传输线在频率为 ω_{S} 时产生的相移为 $\varphi_{\mathrm{CRLH,S}}$,则式(1-7)可写为

$$\varphi_{\mathrm{CRLH}}(\omega=\omega_{\mathrm{S}})=-N\left(\omega_{\mathrm{S}}\sqrt{L_{\mathrm{R}}C_{\mathrm{R}}}-\frac{1}{\omega_{\mathrm{S}}\sqrt{L_{\mathrm{L}}C_{\mathrm{L}}}}\right)=\varphi_{\mathrm{CRLH,S}}\tag{1-8}$$

又因平衡条件下的特性阻抗为

$$Z_{\mathrm{C}}=\sqrt{L_{\mathrm{R}}/C_{\mathrm{R}}}-\sqrt{L_{\mathrm{L}}/C_{\mathrm{L}}}$$

可得在平衡条件下差分移相器的相移量为

$$\Delta\varphi(\omega)=\varphi_{\mathrm{RH}}(\omega)-\varphi_{\mathrm{CRLH}}(\omega)=\frac{\varphi_{\mathrm{RH,S}}}{\omega_{\mathrm{S}}}+N\left(\omega\sqrt{L_{\mathrm{R}}C_{\mathrm{R}}}-\frac{1}{\omega\sqrt{L_{\mathrm{L}}C_{\mathrm{L}}}}\right)\tag{1-9}$$

可以很直观地看出,要实现最大的带宽,就需要右手传输线和复合左右手传输线所产生的相位曲线的斜率相等,即 $\mathrm{d}\Delta\varphi/\mathrm{d}\omega\,|_{\omega=\omega_{\mathrm{S}}}=0$,同时满足 $\mathrm{d}^2\Delta\varphi/\mathrm{d}\omega^2\,|_{\omega=\omega_{\mathrm{S}}}<0$,则有

$$\frac{\varphi_{\mathrm{RH,S}}}{\omega_{\mathrm{S}}}+N\sqrt{L_{\mathrm{R}}C_{\mathrm{R}}}+\frac{N}{\omega_{\mathrm{S}}^2\sqrt{L_{\mathrm{L}}C_{\mathrm{L}}}}=0\tag{1-10}$$

联立即可得到 L_R,C_R,L_L 和 C_L,有

$$L_R = -Z_C \frac{\varphi_{RH,S} + \varphi_{CRLH,S}}{2N\omega_S} \tag{1-11a}$$

$$C_R = -\frac{\varphi_{RH,S} + \varphi_{CRLH,S}}{2N\omega_S Z_C} \tag{1-11b}$$

$$L_L = \frac{2NZ_C}{\omega_S(\varphi_{RH,S} - \varphi_{CRLH,S})} \tag{1-11c}$$

$$C_L = \frac{2N}{\omega_S Z_C(\varphi_{RH,S} - \varphi_{CRLH,S})} \tag{1-11d}$$

设计时可用右手传输线代替 L_R 和 C_R,所需的电尺寸为 $\varphi = N\omega_S\sqrt{L_R C_R}$,根据求得的电尺寸利用 Serenade 中的 TRL 工具,可计算出复合左右手传输线右手部分的几何参数。对于另一支路的右手传输线,根据相移量 $\varphi_{RH,S}$ 同样也可求出其几何参数。

3. 小型化特性

右手传输线的电长度与实际长度成严格的线性关系,复合左右手传输线的非线性相位特性不受此限制,只须在所要求的工作频率上满足相位条件即可,从而可实现尺寸的小型化;将左手传输线的后向波效应和右手传输线的前向波效应相结合,可以突破半波长的限制,实现微带器件和天线的小型化;利用复合左右手传输线设计的微带器件和天线的物理尺寸将不再受制于谐振频率,而是取决于左手传输线和右手传输线的本构关系参数,理论上尺寸可以无限小。

4. 零/负阶谐振特性

复合左右手传输线具有很多新奇的特性,其中一个显著特性是可在非零且有限的频率实现波长无穷大。复合左右手传输线谐振器的谐振模式可为正,可为零,也可为负,谐振模式为零时称为零阶谐振,谐振模式为负时称为负阶谐振。

在普通微带线中,波的谐振条件为

$$\sin kl = \sin(\frac{2\pi}{\lambda_g}) = 0 \Rightarrow l = \frac{m\lambda_g}{2} \quad (m = 1,2,\cdots) \tag{1-12}$$

式(1-12)中,k 为波数,l 为谐振腔的长度,m 为谐振模式。当腔的长度等于半波长的整数倍时,会发生谐振。在不考虑损耗的情况下,波数 k 等于相位常数 β。微带谐振腔的各谐振模式的间距,依赖于微带线的相位关系 $\varphi(f)$,称为色散关系。而传输线的相位可以表示为 $\varphi(f) = -\beta(f)d$。

由式(1-12)可知,在相位等于 π 的整数倍时,即

$$\beta_m d = m\pi \quad (m=1,2,\cdots) \tag{1-13}$$

微带线会发生谐振。当谐振模式 $m=1$ 时，此时的谐振频率称为基频，由式(1-12)可知，此时谐振腔的长度等于 1/2 波导波长，相位 $\varphi(f)=\pi$，$\beta(f)=-\pi/d$。与谐振模式 m 对应的谐振频率定义为 f_m。更高阶的谐振模式发生在相位等于 π 的整数倍时，也就是 $\beta(f)=\pi/d, 2\pi/d, \cdots, m\pi/d$。根据微带线的色散关系可以分析微带谐振器的属性，右手微带传输线的色散关系是线性的，所以谐振频率 f_m 等于基频的整数倍。因此，各谐振频率的间距是相等的。

另外，无论在平衡条件下还是在非平衡条件下，复合左右手传输线的色散关系均为非线性，并且相位常数可为正，可为零，也可为负，因此由复合左右手传输线实现的谐振器的谐振模式可为正($m=1,2,\cdots$)，可为零($m=0$)，也可为负($m=-1,-2,\cdots$)，相邻两个谐振频率的间隔不相等，其中，$m=0$ 时称为零阶谐振。对于由 N 个相同单元构成的复合左右手传输线谐振腔，其谐振模式可由下式确定：

$$\beta_m d = \frac{m\pi}{N} (m=0,\pm 1,\pm 2,\cdots) \tag{1-14}$$

1.2　左手材料的发展及研究现状

1.2.1　左手材料的提出及发展

在左手材料的发展史上，具有历史性意义的研究成果主要有以下几项。

(1)1967 年，苏联物理学家 Veselago 在考虑没有能量损失的情况下，同时改变介电常数 ε 和磁导率 μ 的符号，麦克斯韦方程仍然满足，于是他假想了一种材料，在这种材料里电磁波的行为与在一般材料中的行为是完全不同的，Veselago 预言了这种材料将在逆 Doppler 效应、逆 Cerenkov 辐射、负斯涅尔折射效应、逆 Goos-Hänchen 位移等方面具有奇异的性质。由于电场强度、磁场强度与波矢量之间构成左手螺旋关系，Veselago 将之命名为“左手材料”[2]。Veselago 进行了纯理论的研究，这是左手材料的首次提出。

(2)遗憾的是，虽然左手材料具有很多新奇的电磁学和光学特性，但是自然界从来没有发现这样的物质，因此，Veselago 的研究结果一直没有得到实验验证，更没有得到深入的研究。左手材料这一颠覆性的概念一直处于无人问津的尴尬境地。直到英国皇家学院的 Pendry 教授领导的研究小组在 1996—1999 年首次从理论上证明了采用周期性排列的金属条和金属开口谐振环组成的结构能够在一定的频率范围内产生负的等效介电常数和负的等效磁导率[6-7]，Veselago的开拓性工作才引起了各国科学家的关注。

(3)根据Pendry教授的理论成果，2000—2001年美国麻省理工学院的D. R. Smith教授领导的研究小组，利用以铜为主的材料首次制造出在微波频段具有负介电常数和负磁导率的材料[8-9]，首次人工合成的左手材料如图1-5所示。观测到微波波束在这种材料和空气的分界面上出现了负折射现象，从而通过实验证明了左手材料是存在的，这篇文章发表在2001年的《科学》杂志上[9]。左手材料的发现被《科学》杂志评为2003年科学十大进展之一。此后，左手材料成为物理学界和电磁学界研究的热点，国内外学术界关于此问题的理论、实验和应用研究十分活跃。

图1-5　首次人工合成的左手材料

(4)2002年，Itoh教授领导的研究小组和Eleftheriades教授领导的研究小组几乎同时提出了实现左手材料的复合左右手(Composite Right/Left-Handed，CRLH)传输线法[10-13]。Itoh教授采用分布参数实现了微波频段的复合左右手传输线结构[10-11]；Eleftheriades教授采用集总参数元件实现了复合左右手传输线结构[12-13]。基于传输线结构的左手材料避免了之前采用的谐振结构，它的传输响应和频率范围均能满足电路的要求，且频带宽，损耗低，易于在微波电路中应用。随后对基于传输线结构左手材料(即复合左右手传输线)的研究迅速展开。

(5)2003年，Falcon和Marqués等人首次将开环谐振器(Split Ring Resonator，SRR)应用到共面波导中[14-15]，开环谐振器被制作在共面波导的背面，共面波导的导带周期加载接地带。开环谐振器被垂直于其平面的磁场激发，产生负磁导率效应，接地带等效于金属导体结构，可以产生负介电常数效应，两者结合就可以在某一频段内产生左手传输效应。

(6) 2004 年，Falcon 和 Marqués 等人又创造性地提出逆开环谐振器（Complementary Split Ring Resonator，CSRR）[16-18]。在微带线的接地板上加工出逆开环谐振器，微带线的导带上周期加载间隙电容，逆开环谐振器被垂直电场激发，产生负介电常数效应，间隙电容可产生负磁导率效应，两者结合就可在某一频段内产生左手传输效应。

(7) 2006 年，利用左手材料相关理论制作出的“隐形斗篷”被《科学》评为 2006 年度世界十大科技突破之一[19]。

1.2.2　国外研究现状

基于复合左右手传输线的左手材料从实现到现在，只有七八年时间，但目前已成为最具活力的研究领域之一。世界各国的科学家及研究小组从各个方面对左手材料进行了研究，极大地推动了基于复合左右手传输线的左手材料的发展。

在理论研究方面：Markoš 等人研究了开环谐振器和左手材料的传输谱性质[20]；Agranovich 等人提出运用电场强度、电位移矢量和磁感应强度来描述线性和非线性波在左手材料中的传输性质[21]；Alù 等人分析了任意两个右手材料、左手材料、电负材料、磁负材料构成的波导的特性、优点及其应用[22]；Simovski 指出金属开环谐振器与金属导线的相互作用会造成一定的损耗[23]；文献[24-26]分别在理论上给出了左手材料等效电磁参数的提取方法。

在实验与应用研究方面：D. R. Smith 教授提出了开环谐振器加金属导线的左手材料，开创了左手材料实验与应用研究的先河。之后，许多学者对此结构进行了更深入的研究[27]，并探索新的结构形式以及由这些结构实现的左手材料的电磁特性。如 Schurig 等人提出了 ELC 结构来实现负介电常数，并在此基础上设计出了微波频段的“隐身大衣”[19]。对于左手材料的设计与实现，也有学者根据固体物理中的掺杂思想，将不同材料均匀混在一起而得到左手材料，如 Holloway 等人把球型金属粒子埋入介质中实现了负折射，并用散射理论给以解释，该结构制作简单且可认为是各向同性的[28]。

以上左手材料的实现方法采用的是金属谐振结构，基于开环谐振器及其衍生结构的左手材料往往损耗大、频带窄、色散强烈且难以制作，因此很难在工程实践中加以运用，为使此类结构的左手材料具有实际应用价值，还需要做大量的研究工作。而传输线型左手材料为人们提供了一种新的实现方式。Itoh 教授[10-11]和 Eleftheriades 教授等人[12-13]同时提出了研究左手材料的传输线法，该方法以 $L-C$ 等效电路模型为基础，其等效结构由传统的传输线电路模型的对偶电路获得，而不是金属谐振结构，故该模型较以前提出的金属谐振模型具有左手频带宽、损耗小和易于加工等优点。

复合左右手传输线同时具有左手传输线和右手传输线的特点，且有两个传输通带，在低频时电磁波在其中传播的相速度与群速度方向相反，相位不断超前，表现出左手特性；而在高频时电磁波在其中传播的相速度与群速度方向相同，相位不断滞后，表现出右手特性。复合左右手传输线的色散关系是双曲-线性的，在平衡条件下，左手通带和右手通带是连接在一起的，二者中间有一个相位常数 β 为零的频点；非平衡条件下，左手通带和右手通带之间存在一个不能传播的“禁带”。无论是平衡条件或者非平衡条件的复合左右手传输线，在其本身的两个通频带内传输损耗都比较小，因而能够很好地应用于微波和毫米波器件的设计。

目前，许多国家的科研人员正在采用不同的方法来设计新的复合左右手传输线结构或改进原有的结构，使其具有更加优良的性能，更好地应用到微波电路和天线的设计中[29-34]。

在应用复合左右手传输线来设计微波器件方面，具有代表性工作总结如下：Lin 等人提出了采用复合左右手传输线来制作任意双频器件，如混合环和分支线耦合器[29]。Okabe 根据左手传输线的相位超前特性，用 1/4 波长的左手传输线代替混合环电路中的 3/4 波长的右手传输线，大大地缩小了混合环电路的尺寸，且较传统混合环具有更宽的带宽[30]。Horii 等人利用 PCB 工艺实现了多层复合左右手传输线结构，并采用所设计的结构制作了工作频率分别为 1 GHz 和 2 GHz 的尺寸紧凑的双工器[31]。Mao 等人基于共面波导实现了宽带复合左右手传输线，设计的任意相位差的 T 形功分器具有更小的尺寸和更宽的带宽[32]。Marta Gil 等人将开环谐振器图案刻蚀在微带线的接地板上，称之为逆开环谐振器，可得到负的等效介电常数，同时在导带上开缝隙，使等效磁导率也为负值，这样就得到了一种新型复合左右手传输线结构，并用于小型化和宽带滤波器的设计[33]。

在应用复合左右手传输线来设计天线方面，具有代表性工作总结如下：Caloz 和 Lim 等人在复合左右手传输线中加入变容器件，通过电压控制复合左右手传输线的变容器件，制作了基于传输线漏波模的漏波天线，可改变传输线中存在的漏波模的模式，从而实现天线的波束在 180°的空间范围内来回扫描。Sanada 等人利用复合左右手传输线的零阶谐振特性提出了一种零阶谐振天线，这种天线的谐振频率与波长无关，因此可以将尺寸制作得非常紧凑[34]。

1.2.3　国内研究现状

国内各科研院所的学者和研究小组也紧跟学术前沿，在基于复合左右手传输线的左手材料的研究方面取得了重大成果。其中浙江大学、西安电子科技大学、西北工业大学、电子科技大学、东南大学、中国科学技术大学、南京大学、复旦大学、同济大学、哈尔滨工业大学、上海交通大学等高校的多个研究小组在左手材料的理论分析、左手材料的制备、左手材料的实验验证、左手材料的应用以及基于复合左右手传输线左手材料的研究等方面，做了大量的研究工作，相关文章发表在很多知名杂志上，许多研究成果处于国际领先水平，论文成果也被国外的研究人员大量引用。

在理论验证方面：Xiang Yuanjiang 等人研究了左手材料和右手材料界面处的反射和传输特性[35]。董正高利用电负-磁负材料的层状模型对基于开环谐振器加金属导线左手材料的物理机理进行了解释[36]。崔铁军等人对有耗左手材料中的电磁波和倏逝波传播现象进行了研究[37]。赵乾等人详细研究了不同左手材料结构中的缺陷效应，这对电磁参量可调控左手材料的实现有重要的指导意义[38]。

在实验应用方面：阮立新等人提出了一种基于 Ω 形谐振单元结构的左手材料，通过实验证明了该结构的左手特性[39]。陈红胜等人提出了一种基于 S 形谐振单元结构的左手材料[40]，在此基础上设计的砖墙结构在 6 GHz 的微波频段表现出了左手传输特性[41]。张忠湘等人采用接地过孔电感和交指电容设计了复合左右手传输线，并将之应用到微带天线阵列的馈线中，由于复合左右手传输线的尺寸小于传统微带馈线的尺寸，因而损耗小，提高了天线的增益，同时也消除了传统的串馈微带天线阵列固有的方向图偏移这一缺点[42]。

基于复合左右手传输线的左手材料是一种新颖物质，迄今为止的很多工作集中在对这种材料的理解、对其存在合理性的检验及对现有理论及现象进行重新验证上面。同时人们也开始尝试设计和制作这种材料，实际上左手材料的应用已经得到了迅速发展。一个全新领域的开创，肯定有许多问题尚待研究，特别是其实际应用还不够完善。在以后的应用中必然会产生许多新问题，但随着对其研究的深入，存在的问题会一一得到解决，其理论与应用研究也会逐渐成熟和完善。

基于上述背景，本书以复合左右手传输线理论为基础，对复合左右手传输线的设计及应用进行了研究，主要工作如下。

(1)逆开口谐振单环的负介电常数效应及应用研究。首先，在传统逆开口谐振单环基础上设计改进型结构，可有效降低传输零点。其次，将改进型逆开口谐振单环应用到低通滤波器的设计中，提出一种超宽阻带低通滤波器的设计方法。最后，利用改进型逆开口谐振单环的带阻效应实现微带天线的谐波抑制。

(2)基于逆开口谐振单环的复合左右手传输线的小型化设计及应用研究。在逆开口谐振单环负介电常数的基础上，结合微带线的容性间隙，对基于逆开口谐振单环的复合左右手传输线的小型化设计及应用进行研究。首先，对三角形逆开环谐振器单元的 Koch 分形进行研究，尺寸减少 34%。其次，提出一种复合左右手传输线小型化的方法——基于逆开口谐振单环的蜿蜒线法，使尺寸减小 52%。最后，采用基于逆开口谐振单环的蜿蜒线法设计小型化的分支线耦合器，与传统分支线耦合器相比，面积缩小 77.2%。

(3)新型复合左右手传输线结构的设计。提出一种基于微带缝隙和接地过孔的新型复合左右手传输线结构，由色散曲线证明其为复合左右手传输线结构，提出单元的等效电路模型，将等效电路结果与电磁仿真结果进行比较，验证等效电路模型的正确性；并研究结构参数的变化对 $\boldsymbol{S}$ 参数的影响。

(4)新型复合左右手传输线结构在平衡条件和非平衡条件下的应用研究。在平衡条件下，左手通带和右手通带靠近，设计新颖的带通滤波器；基于带通滤波器的实现方法设计一个新型双工器，实验结果表明，所设计的双工器有效实现两个频带的分离。在非平衡条件下，将复合左右手传输线的左手通带和右手通带分离，设计一种新型双通带滤波器，实验结果表明，双通带滤波器有效实现带内传输和带外抑制。

基于上述工作，本书的具体安排如下。

第 1 章：绪论。主要介绍左手材料的基本特性、左手材料的发展及研究现状。

第 2 章：复合左右手传输线基本理论。主要介绍右手传输线、左手传输线及复合左右手传输线的理论和特性，总结复合左右手传输线色散曲线的绘制方法。本章内容为后续研究提供理论基础。

第 3 章：逆开口谐振单环的负介电常数效应及应用研究。利用逆开口谐振单环的负介电常数效应，在传统的逆开口谐振单环基础上提出一种改进型结构，并应用此改进型结构设计一个超宽阻带的低通滤波器和一个谐波抑制天线，对仿真结果进行加工和实验测量，对实验结果进行讨论。

第 4 章：基于逆开口谐振单环的复合左右手传输线的小型化设计及应用研究。在逆开口谐振单环负介电常数的基础上，结合微带线的容性间隙，得到左手传输通带，分别采用分形方法和提出的基于逆开口谐振单环的蜿蜒线法设计小型化复合左右手传输线，并研究蜿蜒线法在分支线耦合器小型化中的应用。

第 5 章：新型复合左右手传输线结构的设计及应用研究。提出一种新型复合左右手传输线结构，深入研究其传输特性，并基于此结构研究平衡条件下在带通滤波器及双工器中的应用和非平衡条件下在双通带滤波器中的应用，制作实物并进行实验，对实验结果进行分析。

第 6 章：结束语。总结全书内容和后续研究的展望。

第 2 章　复合左右手传输线基本理论

分析左手材料的复合左右手传输线法的提出，为人们认识左手材料的物理机制提供了一个普遍的方法，同时为基于传输线的左手材料的设计提供了理论依据。复合左右手传输线法以 $L-C$ 等效电路模型为基础，Caloz 对该方法进行了系统的理论分析和初步的应用探索[43]，总结了理想左手传输线的特点，与右手传输线进行了比较，并首次引入复合左右手传输线的概念，进一步完善了传输线理论。

传输微波能量和信号的线路称为微波传输线。微波传输线有很多种，应用于不同的频段或不同类型的电路。矩形波导、圆柱波导、同轴线都是柱状结构，横截面积较大，且横截面的长、宽尺寸比较接近，因此被称为立体传输线。为了适应微波电路小型化、平面化、低成本化的趋势，出现了微波集成传输线。微波集成传输线具有体积小、质量轻、价格低廉、可靠性高等优点，且适宜与微波固体芯片器件配合使用。常用的微波集成传输线主要有微带线、带状线、耦合带状线和耦合微带线、槽线和共面波导等[44]。本书主要是基于微带线的复合左右手传输线的设计与应用研究。

本章主要介绍复合左右手传输线的基本理论，主要对右手传输线理论、左手传输线理论和复合左右手传输线理论进行分析，并且重点总结复合左右手传输线的色散曲线的绘制方法。

2.1　复合左右手传输线理论

传输线理论又称一维分布参数电路理论，在电路理论与电磁场理论之间起着桥梁作用，是微波电路设计和计算的理论基础。传输线方程是传输线理论的基本方程，是描述传输线上的电压、电流变化规律及其相互关系的微分方程。本节在介绍传统传输线（右手传输线）的基础上，利用对偶原理分析了左手传输线的特点，接着讨论了复合左右手传输线的性质。

2.1.1　右手传输线

右手传输线就是传统意义上的传输线，右手传输线理论也就是传统意义上的传输线理论[44]，图 2－1 所示为右手传输线线元 Δz 的集总参数等效电路及其电压、电流定义。

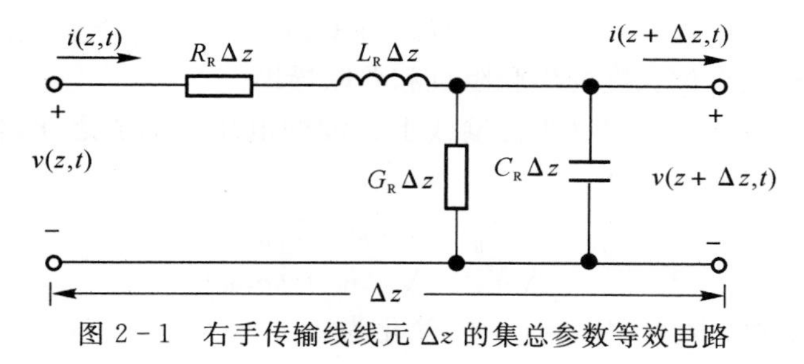

图 2－1　右手传输线线元 Δz 的集总参数等效电路

对图 2－1 所示线元 Δz 的集总参数等效电路，按照泰勒级数(Taylor's Series)展开，忽略高次项，有

$$\left.\begin{aligned} v(z+\Delta z,t) &= v(z,t)+\frac{\partial v(z,t)}{\partial z}\Delta z \\ i(z+\Delta z,t) &= i(z,t)+\frac{\partial i(z,t)}{\partial z}\Delta z \end{aligned}\right\} \tag{2-1}$$

则线元 Δz 上的电压、电流的变化为

$$\left.\begin{aligned} v(z,t)-v(z+\Delta z,t) &= -\frac{\partial v(z,t)}{\partial z}\Delta z \\ i(z,t)-i(z+\Delta z,t) &= -\frac{\partial i(z,t)}{\partial z}\Delta z \end{aligned}\right\} \tag{2-2}$$

应用基尔霍夫定律(Kirchhoff's Law)，令 $\Delta z\rightarrow 0$ 可得

$$\left.\begin{aligned} \frac{\partial v(z,t)}{\partial z} &= -R_{\mathrm{R}}i(z,t)-L_{\mathrm{R}}\frac{\partial i(z,t)}{\partial t} \\ \frac{\partial i(z,t)}{\partial z} &= -G_{\mathrm{R}}v(z,t)-C_{\mathrm{R}}\frac{\partial v(z,t)}{\partial t} \end{aligned}\right\} \tag{2-3}$$

此即一般传输线方程，也称电报方程。式中的 v 和 i 既是空间 z 的函数，又是时间 t 的函数。其解析解的严格求解不可能，一般只能作数值计算，作各种假定之后，可求其解析解。

对于时谐均匀传输线，电压和电流可以用角频率 ω 的复数交流形式来表示，即 $v(z,t)=\mathrm{Re}\{V(z)\mathrm{e}^{\mathrm{j}\omega t}\}$，$i(z,t)=\mathrm{Re}\{I(z)\mathrm{e}^{\mathrm{j}\omega t}\}$，代入式(2－3)可得时谐传输线方程为

$$\left.\begin{aligned} \frac{\mathrm{d}V(z)}{\mathrm{d}z} &= -(R_{\mathrm{R}}+\mathrm{j}\omega L_{\mathrm{R}})I(z)=-Z_{\mathrm{R}}I(z) \\ \frac{\mathrm{d}I(z)}{\mathrm{d}z} &= -(G_{\mathrm{R}}+\mathrm{j}\omega C_{\mathrm{R}})V(z)=-Y_{\mathrm{R}}V(z) \end{aligned}\right\} \tag{2-4}$$

式中

$$\left.\begin{aligned} Z_R &= R_R + j\omega L_R \\ Y_R &= G_R + j\omega C_R \end{aligned}\right\} \tag{2-5}$$

分别称为传输线单位长度的串联阻抗和并联导纳。

传输线的特性阻抗定义为传输线上行波的电压与电流之比，特性阻抗用 Z_0^R 表示，则

$$Z_0^R = \sqrt{\frac{Z_R}{Y_R}} = \sqrt{\frac{(R_R + j\omega L_R)}{(G_R + j\omega C_R)}} \tag{2-6}$$

对于无耗传输线，$R_R = G_R = 0$，Z_0^R 简化为

$$Z_0^R = \sqrt{\frac{L_R}{C_R}} \tag{2-7}$$

传播常数 γ_R 是描述导行波沿导行系统传播过程中的衰减和相位变化的参数，可表示为

$$\gamma_R = \sqrt{Z_R Y_R} = \sqrt{(R_R + j\omega L_R)(G_R + j\omega C_R)} = \alpha_R + j\beta_R \tag{2-8}$$

式中，α_R 表示衰减常数，β_R 表示相位常数。对于无耗的情况，传播常数 γ_R 可简化为

$$\gamma_R = j\beta_R = j\omega\sqrt{L_R C_R} \tag{2-9}$$

由式(2-9)可以看出，右手传输线的相位是不断滞后的。

相速度定义为导模等相位面移动的速度，用 v_p 表示；群速度定义为波包移动速度或窄带信号的传播速度，用 v_g 表示。右手传输线上导行波的相速度和群速度分别为

$$v_p = \frac{\omega}{\beta_R} = \frac{1}{\sqrt{L_R C_R}} > 0 \tag{2-10}$$

$$v_g = \frac{\partial\omega}{\partial\beta_R} = \frac{1}{\sqrt{L_R C_R}} > 0 \tag{2-11}$$

由式(2-10)、式(2-11)可以看出，相速和群速是同向平行的。

2.1.2 左手传输线

根据对偶原理，将右手传输线中的串连阻抗和并联导纳相互交换后，得到左手传输线对偶等效电路模型[10-12]，如图2-2所示。可以根据传统的右手传输线的分析方法来分析左手传输线。

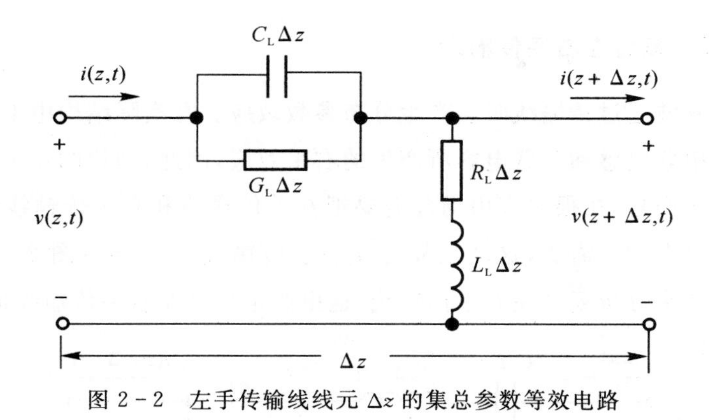

图 2－2　左手传输线线元 Δz 的集总参数等效电路

根据右手传输线的时谐传输线方程，写出左手传输线的时谐传输线方程，有

$$\left.\begin{aligned}\frac{dV(z)}{dz}&=-\frac{G_L-j\omega C_L}{G_L^2+\omega^2C_L^2}I(z)=-Z_LI(z)\\\frac{dI(z)}{dz}&=-\frac{R_L-j\omega L_L}{R_L^2+\omega^2L_L^2}V(z)=-Y_LV(z)\end{aligned}\right\}\tag{2-12}$$

左手传输线的特性阻抗 Z_0^L 和传播常数 γ_L 分别为

$$Z_0^L=\sqrt{\frac{Z_L}{Y_L}}=\sqrt{\frac{(G_L-j\omega C_L)(R_L^2+\omega^2L_L^2)}{(R_L-j\omega L_L)(G_L^2+\omega^2C_L^2)}}\tag{2-13}$$

$$\gamma_L=\sqrt{Z_LY_L}=\sqrt{\frac{(G_L-j\omega C_L)(R_L-j\omega L_L)}{(G_L^2+\omega^2C_L^2)(R_L^2+\omega^2L_L^2)}}=\alpha_L+j\beta_L\tag{2-14}$$

对于无耗左手传输线，$R_L=G_L=0$，Z_0^L 和 γ_L 可简化为

$$Z_0^L=\sqrt{\frac{L_L}{C_L}}\tag{2-15}$$

$$\gamma_L=j\beta_L=-j/(\omega\sqrt{L_LC_L})\tag{2-16}$$

由式(2－16)可以看出，左手传输线的相位是不断超前的。

左手传输线上导行波的相速度和群速度分别为

$$v_p=\frac{\omega}{\beta_L}=-\omega^2\sqrt{L_LC_L}<0\tag{2-17}$$

$$v_g=\frac{\partial\omega}{\partial\beta_L}=\omega^2\sqrt{L_LC_L}>0\tag{2-18}$$

由式(2－17)、式(2－18)可以看出，相速和群速反向平行，这正是左手传输线的特性。

2.1.3 复合左右手传输线

当电磁波通过传输线时会产生分布参数效应。在实际结构中不可避免地存在寄生串联电感和并联电容所产生的右手效应，因此，理想的左手传输线是不存在的。而且，在很多应用场合需要把左手传输线和右手传输线综合起来使用来满足设计的需要，这就是复合左右手传输线[43]。通过图 2－3 所示的等效电路图来分析复合左右手传输线，这里假定复合左右手传输线是理想的。

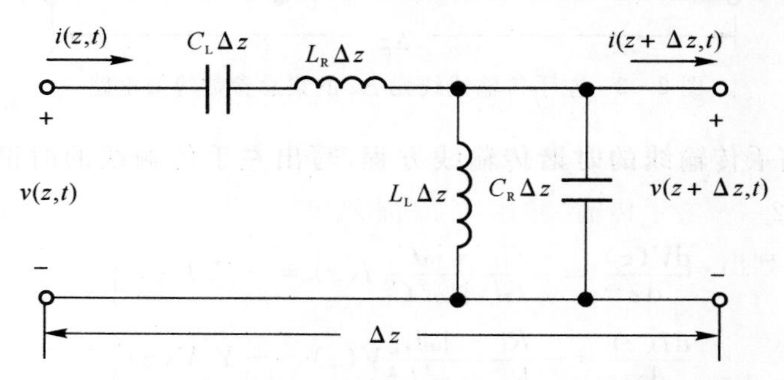

图 2－3　复合左右手传输线线元 Δz 的集总参数等效电路

根据 2.1.1 节和 2.1.2 节中的分析结果，可以写出复合左右手传输线的时谐传输线方程为

$$\left.\begin{aligned}\frac{\mathrm{d}V(z)}{\mathrm{d}z}&=-\mathrm{j}\omega\left(L_{\mathrm{R}}-\frac{1}{\omega^{2}C_{\mathrm{L}}}\right)I=-ZI\\ \frac{\mathrm{d}I(z)}{\mathrm{d}z}&=-\mathrm{j}\omega\left(C_{\mathrm{R}}-\frac{1}{\omega^{2}L_{\mathrm{L}}}\right)V=-YV\end{aligned}\right\}\tag{2-19}$$

式中

$$\left.\begin{aligned}Z&=\mathrm{j}\left(\omega L_{\mathrm{R}}-\frac{1}{\omega C_{\mathrm{L}}}\right)\\ Y&=\mathrm{j}\left(\omega C_{\mathrm{R}}-\frac{1}{\omega L_{\mathrm{L}}}\right)\end{aligned}\right\}\tag{2-20}$$

分别为复合左右手传输线单位长度的串联阻抗和并联导纳。

传输线的传播常数 γ 定义为

$$\gamma=\alpha+\mathrm{j}\beta=\sqrt{ZY}\tag{2-21}$$

理想情况下，有

$$\beta(\omega)=s(\omega)\sqrt{\omega^2 L_R C_R+\frac{1}{\omega^2 L_L C_L}-\left(\frac{L_R}{L_L}+\frac{C_R}{C_L}\right)} \tag{2-22}$$

式中

$$s(\omega)=\begin{cases}-1, \omega<\omega_{\Gamma 1}=\min\left(\frac{1}{\sqrt{L_R C_L}},\frac{1}{\sqrt{L_L C_R}}\right)\\ +1, \omega>\omega_{\Gamma 2}=\max\left(\frac{1}{\sqrt{L_R C_L}},\frac{1}{\sqrt{L_L C_R}}\right)\end{cases} \tag{2-23}$$

式(2-22)中的相位常数 β 可以是纯实数或纯虚数，取决于被开方数是正数还是负数。在 β 是纯实数的频率范围，存在通带；相反，在 β 是纯虚数的频率范围，则存在阻带。阻带是复合左右手传输线的突出特性，对理想的右手传输线或左手传输线来讲是不存在的。

将式(2-7)右手传输线的特性阻抗 Z_R 和式(2-15)左手传输线的特性阻抗 Z_L 重新列出，有

$$Z_R=\sqrt{\frac{L_R}{C_R}} \tag{2-24}$$

$$Z_L=\sqrt{\frac{L_L}{C_L}} \tag{2-25}$$

复合左右手传输线的特性阻抗定义为

$$Z_0=\sqrt{Z/Y}=\sqrt{\frac{L_L}{C_L}}\sqrt{\frac{L_R C_L\omega^2-1}{L_L C_R\omega^2-1}} \tag{2-26}$$

复合左右手传输线具有一个左手区域和一个右手区域。当 γ 是纯实数时，复合左右手传输线出现阻带。一般情况下，复合左右手传输线的串联和并联谐振是不同的，此称之为非平衡情形；但当串联谐振与并联谐振相等时，即

$$L_R C_L=L_L C_R \tag{2-27}$$

称之为平衡情形，式(2-27)称为平衡条件。

平衡条件下，复合左右手传输线线元 Δz 的集总参数等效电路可以简化为图2-4所示的简单电路，称之为复合左右手传输线的解耦形式，这样，复合左右手传输线中的左手部分和右手部分就可以单独分析和设计。在平衡条件下，复合左右手传输线的相位常数可以写成

$$\beta=\beta_R+\beta_L=\omega\sqrt{L_R C_R}-\frac{1}{\omega\sqrt{L_L C_L}} \tag{2-28}$$

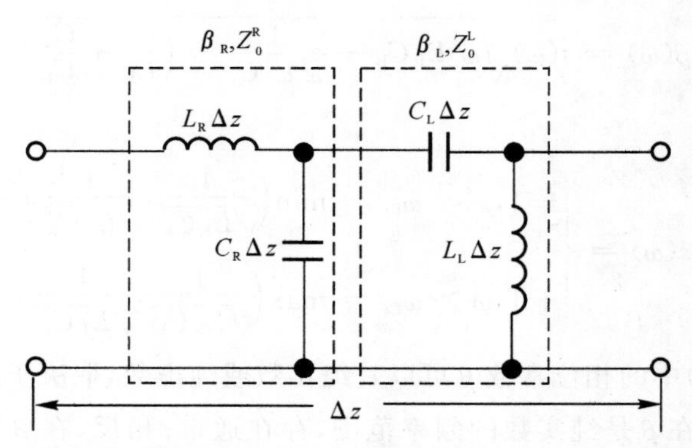

图 2-4　解耦后的复合左右手传输线线元 Δz 的集总参数等效电路

式(2-28)中,复合左右手传输线的相位常数分成右手传输线相位常数 β_R 和左手传输线相位常数 β_L 。复合左右手传输线具有双重特性,在低频段左手性占优,表现为左手传输线;在高频段右手性占优,表现为右手传输线。左手区域和右手区域的过渡出现在

$$\omega_0 = \frac{1}{\sqrt[4]{L_R C_R L_L C_L}} = \frac{1}{\sqrt{L_R C_L}} \tag{2-29}$$

式(2-29)中, ω_0 称为过渡频率,对于平衡情形,复合左右手传输线的左手区域到右手区域存在无缝过渡。长度为 d 的复合左右手传输线其相移在 ω_0 处是零,在左手频率范围,相位超前;在右手频率范围,相位滞后。

复合左右手传输线的特征参数可以和材料的基本电磁参数相关[4]。如复合左右手传输线的传播常数 $\gamma = j\beta = \sqrt{ZY}$,而材料的传播常数 $\beta = \omega\sqrt{\mu\varepsilon}$,则有

$$-\omega^2\mu\varepsilon = ZY \tag{2-30}$$

式(2-30)使材料的介电常数和磁导率与复合左右手传输线等效模型的阻抗和导纳产生联系,即

$$\varepsilon = \frac{Y}{j\omega} = C_R - \frac{1}{\omega^2 L_L} \tag{2-31}$$

$$\mu = \frac{Z}{j\omega} = L_R - \frac{1}{\omega^2 C_L} \tag{2-32}$$

类似地,复合左右手传输线的特性阻抗可以和材料的固有阻抗发生关系,有

$$Z_0 = \eta \text{ 或 } Z/Y = \mu/\varepsilon \tag{2-33}$$

2.2　复合左右手传输线的色散曲线

对于左手媒质必然是色散媒质的证明。现有的文献主要采用群速的定义，以及能量的定义证明[45]。例如 J. Pendry 和 D. R. Smith 从群速的原始定义出发，证明色散的左手媒质的存在并没有违背时间因果性定律[46]；崔铁军从能量的角度证明色散对于左手媒质的重要性[47]。

均匀的复合左右手传输线结构在自然界并不存在，但在一定频率范围内，若导波波长比结构的不连续大得多时，可以认为传输线是均匀的。通过周期形式的级联 L-C 单元，如图 2-5 所示，可以构建长度为 d 的均匀复合左右手传输线，需要注意的是复合左右手传输线的实现并非一定要求周期性，选用周期结构只是为了计算和制作方便。图 2-6 所示为 L-C 周期网络等效于一段均匀的复合左右手传输线。

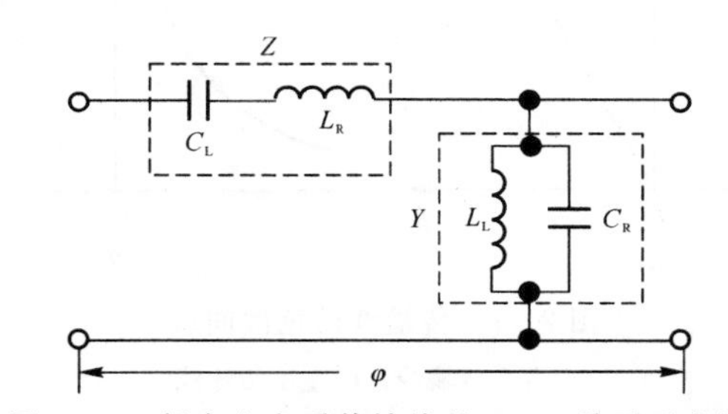

图 2-5　复合左右手传输线的 L-C 单元示意图

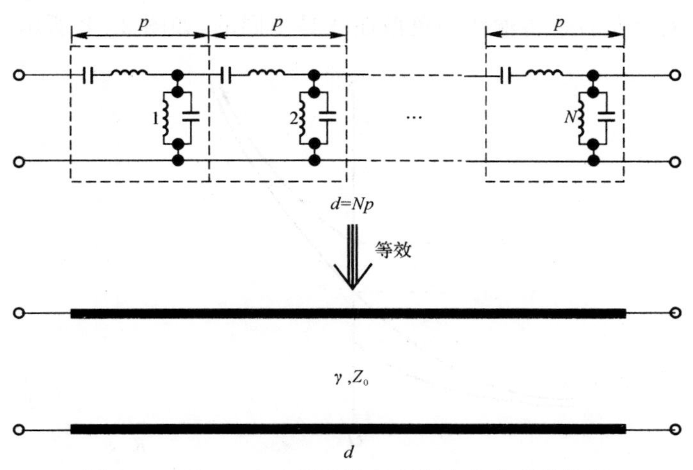

图 2-6　以 L-C 电路为基础的复合左右手传输线

图 2-5 所示的 $L-C$ 单元,其电长度可以用给定频率下的相移 φ 来描述,物理长度 p 取决于实际的电感和电容,在极限情况下($p\to0$),图 2-5 中的 $L-C$ 单元等效于图 2-3 中的单元。因此,$p\to0$ 时满足均匀条件,级联的 $L-C$ 单元可形成长度为 d 的复合左右手传输线。实际的应用中,如果单元的物理长度不大于 1/4 波导波长,单元的电长度不大于 $\pi/2$,以 $L-C$ 单元为基础的复合左右手传输线可以被认为是足够均匀的。

通过前面的分析,可以来绘制右手传输线、左手传输线和复合左右手传输线的色散曲线图,即 $\omega-\beta$ 图[43]。右手传输线和左手传输线的色散曲线可分别由式(2-9)和式(2-16)来绘制,如图 2-7 所示。

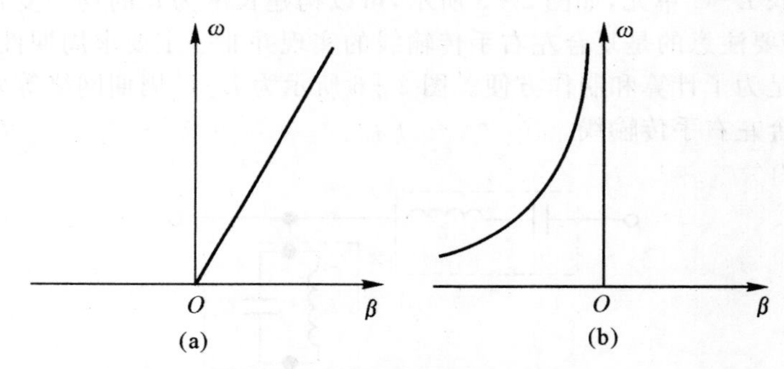

图 2-7 传输线的色散曲线

(a)右手传输线;(b)左手传输线

根据式(2-28)可得复合左右手传输线的色散曲线,当在平衡条件和非平衡条件下,复合左右手传输线的色散曲线是不同的,如图 2-8 所示。

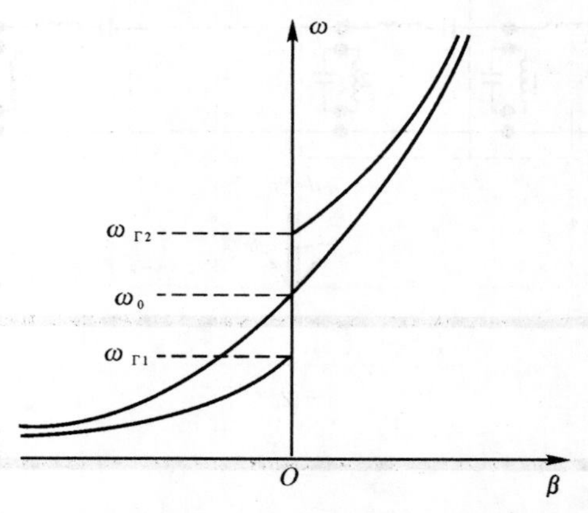

图 2-8 复合左右手传输线的色散曲线

运用 Bloch-Floquet 理论[44]，考察基于 $L-C$ 单元复合左右手传输线的色散关系，则有

$$\beta(\omega) = (1/p)\arccos(1 + ZY/2) \tag{2-34}$$

$L-C$ 单元的串联阻抗 Z 和并联导纳 Y 分别为

$$Z(\omega) = \mathrm{j}\left(\omega L_{\mathrm{R}} - \frac{1}{\omega C_{\mathrm{L}}}\right) \tag{2-35}$$

$$Y(\omega) = \mathrm{j}\left(\omega C_{\mathrm{R}} - \frac{1}{\omega L_{\mathrm{L}}}\right) \tag{2-36}$$

单元的电长度很小时，也可应用泰勒展开式，有

$$\cos(\beta p) \cong 1 - (\beta p)^2/2 \tag{2-37}$$

于是，式(2-34)变为

$$\beta(\omega) = \frac{s(\omega)}{p}\sqrt{\omega^2 L_{\mathrm{R}} C_{\mathrm{R}} + \frac{1}{\omega^2 L_{\mathrm{L}} C_{\mathrm{L}}} - \left(\frac{L_{\mathrm{R}}}{L_{\mathrm{L}}} + \frac{C_{\mathrm{R}}}{C_{\mathrm{L}}}\right)} \tag{2-38}$$

这一结果表明，对于小的电长度，以 $L-C$ 单元为基础的复合左右手传输线等效于均匀复合左右手传输线。

应用式(2-34)计算得到的平衡和非平衡复合左右手传输线的色散曲线。色散曲线围绕 ω 轴对折，平衡时 $L-C$ 单元的参数[4]是：$L_{\mathrm{R}} = L_{\mathrm{L}} = 1$ nH，$C_{\mathrm{R}} = C_{\mathrm{L}} = 1$ pF，非平衡时 $L-C$ 单元的参数是：$L_{\mathrm{R}} = 1$ nH，$L_{\mathrm{L}} = 0.5$ nH，$C_{\mathrm{R}} = 1$ pF，$C_{\mathrm{L}} = 2$ pF，如图 2-9 所示。

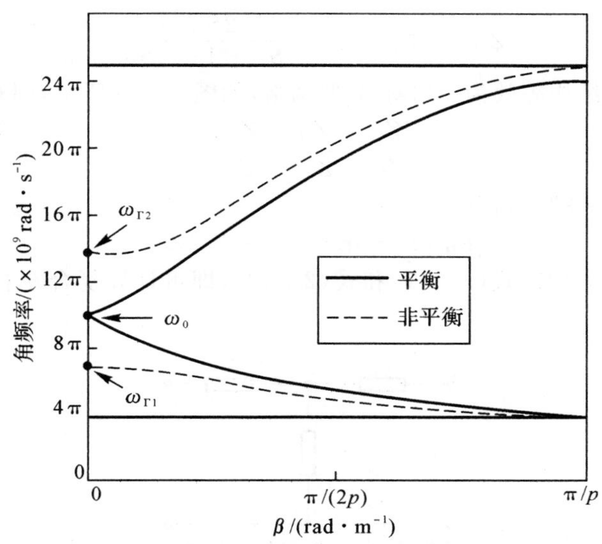

图 2-9　基于 $L-C$ 单元的平衡和非平衡复合左右手传输线色散曲线

图 2-9 表明，以 $L-C$ 单元电路为基础的复合左右手传输线，其左手部分

具有高通阻带，右手部分具有低通阻带，而理想的均匀复合左右手传输线不具有任何滤波特性。虽然以 $L-C$ 单元电路为基础的复合左右手传输线本质上是一个带通滤波器，但复合左右手传输线的设计和带通滤波器的设计不同，带通滤波器的设计中主要关心的是幅频特性，而复合左右手传输线的设计不仅关注幅频特性，还要关注相频特性[4]。

实际上不能直接运用式(2-34)来进行计算，因为能直接获得的是结构的 $\boldsymbol{S}$ 参数，而 $\boldsymbol{S}$ 参数需要经过一系列的变化才能应用于式(2-34)。首先要把 $\boldsymbol{S}$ 参数转化成 $\boldsymbol{Z}$ 参数[48]，即

$$Z_{11} = Z_{c1}\frac{1-|\boldsymbol{S}|+S_{11}-S_{22}}{|\boldsymbol{S}|+1-S_{11}-S_{22}} \tag{2-39a}$$

$$Z_{12} = \sqrt{Z_{c1}Z_{c2}}\frac{2S_{12}}{|\boldsymbol{S}|+1-S_{11}-S_{22}} \tag{2-39b}$$

$$Z_{21} = \sqrt{Z_{c1}Z_{c2}}\frac{2S_{21}}{|\boldsymbol{S}|+1-S_{11}-S_{22}} \tag{2-39c}$$

$$Z_{22} = Z_{c2}\frac{1-|\boldsymbol{S}|-S_{11}+S_{22}}{|\boldsymbol{S}|+1-S_{11}-S_{22}} \tag{2-39d}$$

若是对称结构，且端接的传输线的特性阻抗 $Z_{c1} = Z_{c2}$，则有 $S_{11} = S_{22}$，同时是无耗互易网络，则 $S_{12} = S_{21}$，因此，式(2-39)可以简化为

$$Z_{11} = Z_{22} = Z_{c1}\frac{1-|\boldsymbol{S}|}{|\boldsymbol{S}|+1-2S_{11}} \tag{2-40a}$$

$$Z_{12} = Z_{21} = Z_{c1}\frac{2S_{21}}{|\boldsymbol{S}|+1-2S_{11}} \tag{2-40b}$$

若将所提结构等效为一对称 T 形网络，如图 2-10 所示，则有

$$Z_1 = Z_{11} - Z_{12} \tag{2-41a}$$

$$Z_2 = Z_{12} = Z_{21} \tag{2-41b}$$

联系式(2-37)，则有

$$\beta(\omega)d = \arccos(1 + Z_1/Z_2) \tag{2-42}$$

联立式(2-40)、式(2-41)和式(2-42)，即可计算复合左右手传输线的色散曲线。

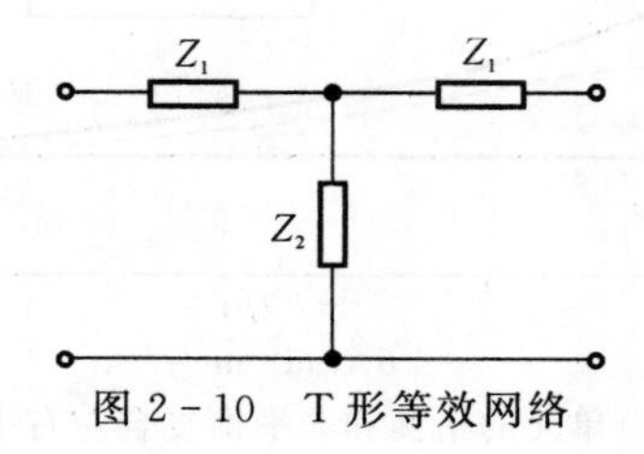

图 2-10　T 形等效网络

2.3　复合左右手传输线的实现方法分析

自然界不存在复合左右手传输线,它的实现需要人为设计,主要有两种实现方式:一种是利用表面贴装技术(Surface Mount Technology,SMT)的集总参数元件来实现;另一种是利用集成传输线的分布参数效应来实现,分布效应的复合左右手传输线最常见的有两种实现方式,一是利用交指缝隙和短路支节实现,典型结构如图 2-11 所示;二是采用逆开环谐振器及其变形结构结合微带缝隙实现,典型结构如图 2-12 所示。集总参数的表面贴装技术片式元件可直接利用,可容易、快捷地实现复合左右手传输线,但表面贴装技术片式元件只存在离散值,且由于自身谐振的原因不能用于高频,这样基于表面贴装技术片式元件的复合左右手传输线只能工作于较低频段;分布参数的复合左右手传输线因结构简单、易于实现且能工作于较高频段而具有更大的应用潜力。虽然分布参数元件可以工作在任意频率上,但在低频时会占用较大的尺寸,不利于小型化和降低成本。因此,表面贴装技术片式元件和分布式元件可以优势互补,在低频时一般选用表面贴装技术片式元件,在高频时一般选用分布式元件。

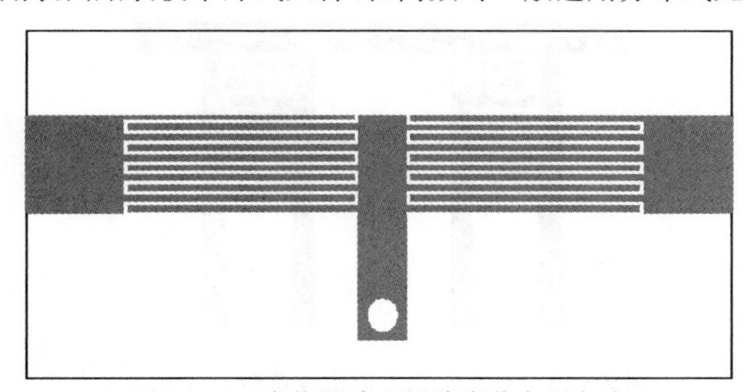

图 2-11　交指缝隙和短路支节实现方式

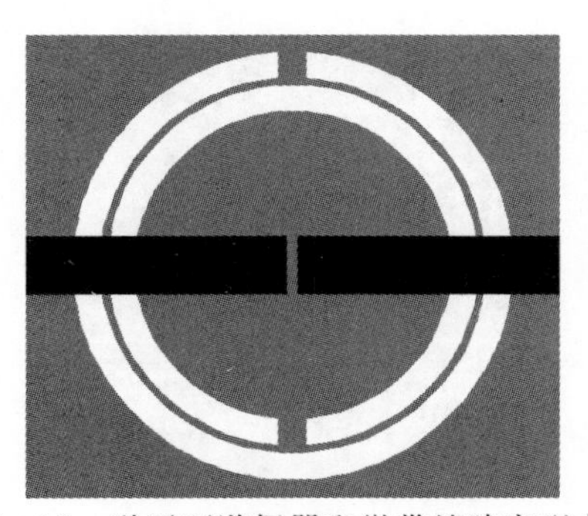

图 2-12　逆开环谐振器和微带缝隙实现方式

复合左右手传输线典型实现方式如图 2-13～图 2-16 所示。图 2-13 所示为一种小型化超宽带复合左右手传输线结构，在传统的基于交指缝隙和短路过孔的复合左右手传输线基础上，将交指缝隙的两边分别添加一个接地短截线，形成了一种对称的 π 型复合左右手传输线结构，该结构具有超宽带特性；图 2-14 所示为一种基于 Minkowski 分形互补型开环谐振器的电小平衡复合左右手传输线，与基于传统互补开环谐振器的复合左右手传输线相比，该结构通带带宽明显展宽，相对带宽达到 113.7%；图 2-15 所示为基于开口环结构的复合左右手共面波导传输线，将开口环对称地制备在介质板背面且正对共面波导缝隙处，连接共面波导中心信号线和地板的细金属线正对开环谐振器的中心区域；图 2-16 所示为利用表面贴装技术片式元件实现了基于共面波导的复合左右手传输线。还有一种实现方法是基于共面波导的新型超宽带复合左右手传输线，根据 Bloch 周期电路理论，由单元集总等效电路模型，推导出左、右手频率范围和相应的相速、衰减特性，提取了传输线的等效本构参数，新结构左、右手参数独立可调，设计、调整方便，相比常见的交指或缝隙耦合，面面耦合形成的串联电容可有效抑制高频谐振，拓宽传输线通带。

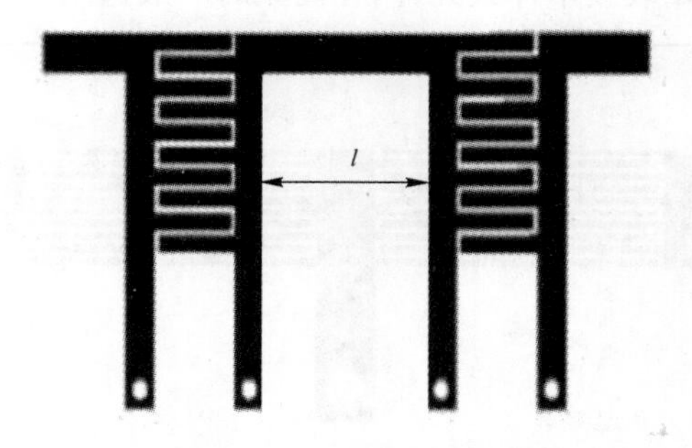

图 2-13　复合左右手传输线典型实现方式 1

图 2-14　复合左右手传输线典型实现方式 2

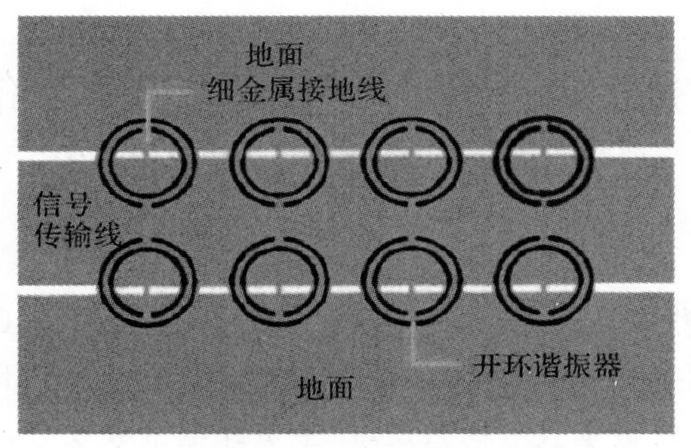

图 2-15　复合左右手传输线典型实现方式 3

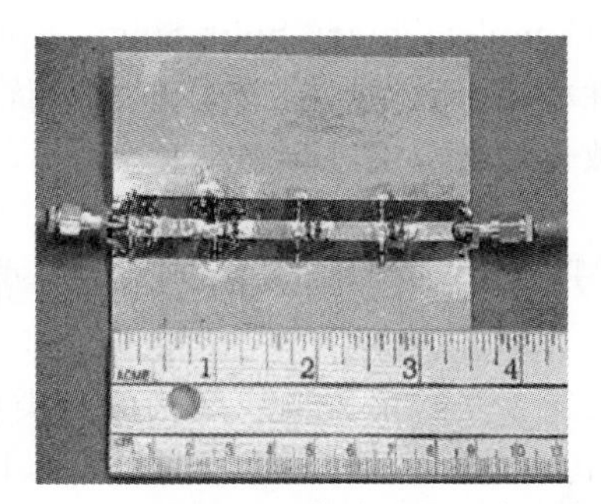

图 2-16　复合左右手传输线典型实现方式 4

2.4　小　　结

本章主要介绍了复合左右手传输线的基本理论。首先，介绍了传统传输线理论，即右手传输线理论，然后利用对偶原理分析了左手传输线的性质；其次，将右手传输线和左手传输线结合，归纳了复合左右手传输线的特性，比较了在平衡和非平衡条件下的异同；最后，通过 Bloch-Floquet 理论，得出了基于 $L-C$ 单元复合左右手传输线的色散关系，总结了由 $\boldsymbol{S}$ 参数来绘制色散曲线的方法。本章内容主要为后续章节的研究提供理论基础。

第3章 逆开口谐振单环的负介电常数效应及应用研究

逆开环谐振器(Complementary Split Ring Resonator,CSRR)于2004年提出后,被广泛用于微波电路的设计和应用中[16-18]。逆开环谐振器制作在微带线的接地板上,将被垂直电场激发,产生负介电常数效应。由于不需要任何集总元件,因此,加工方便,可以工作在较高频率,由于谐振可引入传输零点,低端的频率选择性好,这对于设计小型化滤波器是一种优势。

逆开口谐振单环(Complementary Split Single Ring Resonator,CSSRR)与逆开环谐振器的特性相似,但在设计与加工时更具优势,本章主要对逆开口谐振单环的负介电常数效应及应用进行研究。

3.1 逆开口谐振单环的负介电常数效应

逆开口谐振单环是复合左右手传输线结构的一类典型代表,其特点与逆开环谐振器类似,但结构与逆开环谐振器相比更简单,具有更大的改进和设计空间。因此,对逆开口谐振单环工作机理的探讨和电磁特性的分析有助于新结构的改进与设计。

在首次人工合成左手材料的实验中,负的磁导率是由周期排列的开环谐振器(Split Ring Resonator,SRR)产生的,与之类似,开口谐振单环(Split Single Ring Resonator,SSRR)本质上也是一种在微波频段具有高品质因数的小的谐振结构,其结构如图3-1(a)所示,图中深色部分代表金属导体。当开口谐振单环被垂直磁场激发时,将产生环绕开口谐振单环的电流回路,该电流回路通过开口谐振单环开口处的电容闭合。因此,开口谐振单环的等效电路可以用$L-C$回路表示[49]。从对偶与互补性考虑,可由开口谐振单环结构推导出逆开口谐振单环结构,其结构如图3-1(b)所示,图中深色部分表示接地板,白色部分表示腐蚀掉的金属导体。由Babinet原理[16]可知,逆开口谐振单环结构的电磁特性与开口谐振单环互补,因此,逆开口谐振单环是通过垂直电场激发的,并可在其谐振频率周围产生负介电常数效应。

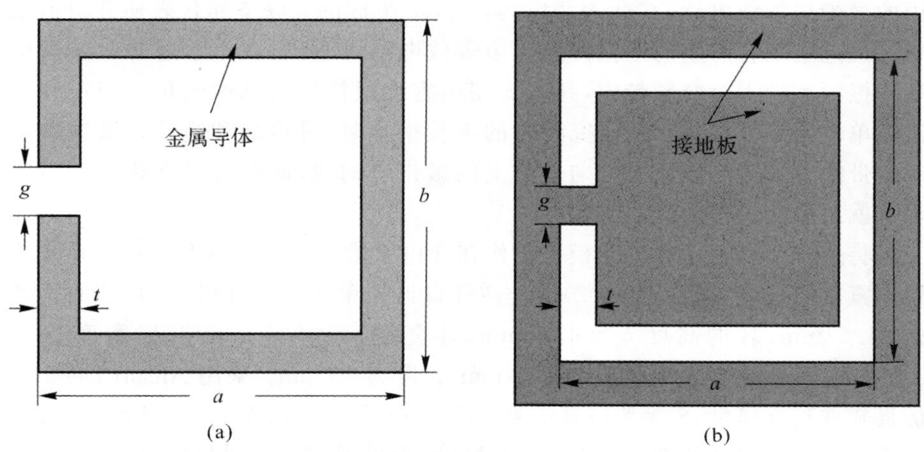

图 3-1 开口谐振单环和逆开口谐振单环结构示意图

(a)开口谐振单环;(b)逆开口谐振单环

当逆开口谐振单环被制作在微带线的接地板上时,由于其负介电常数效应,可产生阻带现象[50],结构如图 3-2(a)所示。加载逆开口谐振单环的微带线的等效电路模型如图 3-2(b)所示。

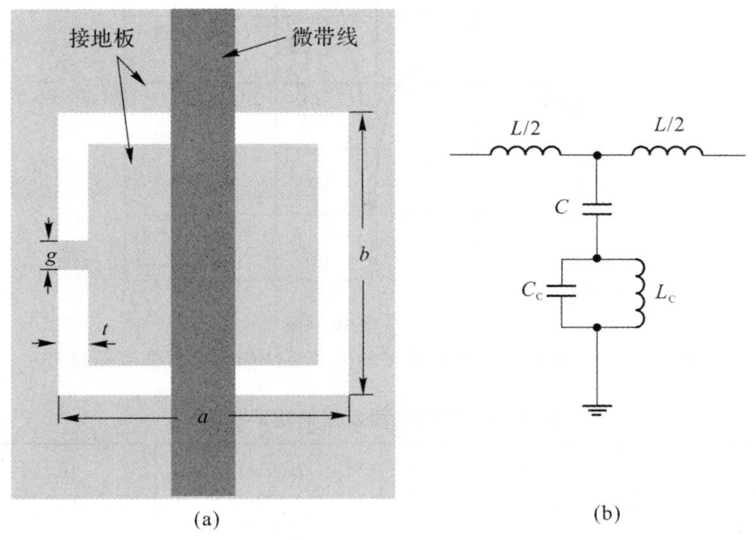

图 3-2 加载逆开口谐振单环的微带线

(a)结构图;(b)等效电路模型

在图 3-2(b)所示的等效电路模型中,L 表示与逆开口谐振单环发生作用的微带线的线电感，C 代表线电容，L_c，C_c 组成的并联支路代表逆开口谐振单环通过电耦合产生的谐振回路。由等效电路可看出，在小于逆开口谐振单环谐振频率的一个窄频带内，并联支路由容性阻抗变为感性阻抗。当逆开口谐振单环的尺寸相对于所研究频段的波长很小时，可将加载逆开口谐振单环的微带线等效为一段新的均匀介质上的微带传输线，此时并联支路上的感性阻抗就对应负的等效介电常数。

将逆开口谐振单环单元模型制作在介电常数为 2.65，厚度为 0.8 mm 的聚四氟乙烯玻璃布板（F4B－2）上。逆开口谐振单环的尺寸设计为：环的长度 $a=4.6$ mm，环的高度 $b=4.6$ mm，环宽度 $t=0.5$ mm，开口宽度 $g=0.5$ mm，50 Ω 微带线的宽度为 2.18 mm，长度为 20 mm。采用 Ansoft Designer 仿真软件建立模型，***S*** 参数仿真结果如图 3－3 所示。由图 3－3 可以看出，加载逆开口谐振单环的微带线在 6.5 GHz 附近出现了一个明显的阻带，这段阻带正是由于逆开口谐振单环的负介电常数效应而产生的。利用微波电路仿真软件 Serenade 中的优化拟合工具，可以得到等效电路模型中的各个参数的值，见表 3－1。

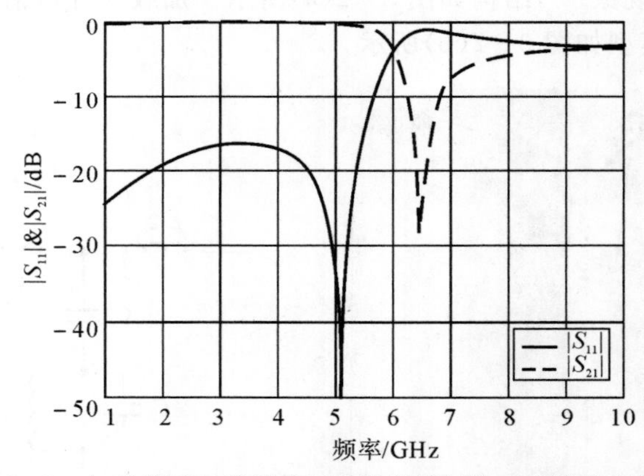

图 3－3　加载逆开口谐振单环的微带线结构 ***S*** 参数仿真结果

表 3－1　等效电路模型的提取参数

L/nH	C/pF	L_c/nH	C_c/pF
2.96	0.50	0.19	2.64

3.2　逆开口谐振单环的改进型设计

将图 3－2(a)中位于微带线一侧的开口缝隙移至微带线的下方，并在环的开口处添加一对长为 h 的缝隙，得到改进型逆开口谐振单环单元结构，改进后的模型如图 3－4 所示。

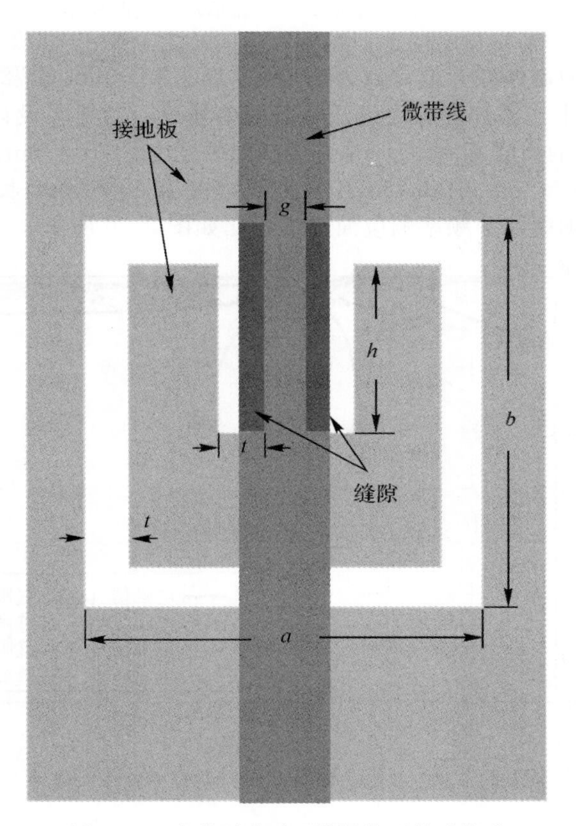

图 3－4　改进型逆开口谐振单环单元模型

由于微带线与其下方地面的耦合作用不再关于微带线的中心对称，因此不能用图 3－2(b)所示的等效电路模型，将等效电路改进为图 3－5 所示的形式。

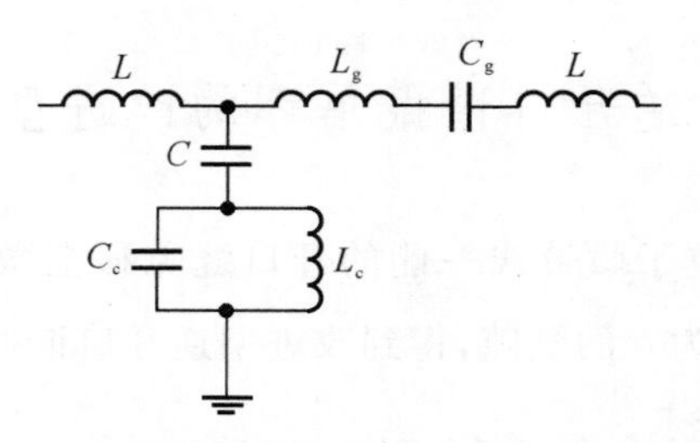

图 3-5　改进型逆开口谐振单环的电路模型

将单元模型制作在介电常数为 2.65，厚度为 0.8 mm 的聚四氟乙烯玻璃布板(F4B-2)上。添加缝隙后逆开口谐振单环单元的尺寸设计为：环的长度 $a=4.6$ mm，环的高度 $b=4.6$ mm，环与缝隙的宽度 $t=0.5$ mm，开口宽度 $g=0.5$ mm，缝隙长度 $h=2$ mm，50 Ω 微带线宽度为 2.18 mm，长度为 20 mm。添加缝隙与未加缝隙的频率响应曲线的对比如图 3-6 所示。

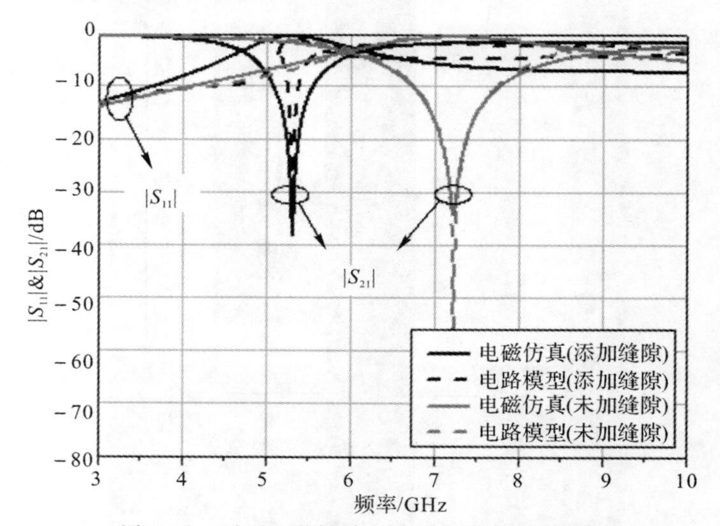

图 3-6　逆开口谐振单环单元的频率响应曲线

由图 3-6 可以看出，添加缝隙后，单元结构的传输零点由 7.22 GHz 变为 5.31 GHz，下降了 26.5%。并且在所关心频段内电路模型与仿真结果吻合很好，证明了所提电路模型的正确性，利用 Serenade 可以得到等效电路模型中的各个参数值，见表 3-2。

表 3-2　等效电路模型的提取参数

	L/nH	L_g/nH	C_g/pF	C/pF	L_c/nH	C_c/pF
未加缝隙	1	1.5	5	0.57	0.17	2.32
添加缝隙	0.6	1.5	5	0.35	0.38	2

添加一对缝隙后，传输零点下降了 26.5%，而结构的唯一区别就在于添加了一对缝隙。分析缝隙长度的变化对传输零点的影响，保持其他参数不变，只改变缝隙长度 h，得到 h 与传输零点 f_c 的对应关系曲线，如图 3-7 所示。由图 3-7 可以看出，h 的值越大，f_c 就越低。原因是所添加的缝隙增大了逆开口谐振单环与微带线之间的电容耦合效应，并且缝隙越长，耦合效应越强，传输零点的位置就越低。

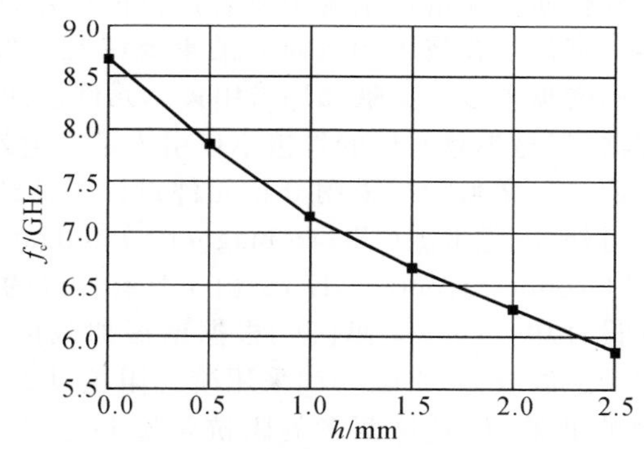

图 3-7　传输零点与缝隙长度的对应关系曲线

通过等效电路模型来分析，由图 3-5 可知，传输零点 f_c 的位置由 C,C_c 和 L_c 所构成的并联支路来决定。并联支路阻抗为零时出现传输零点。此时传输零点可表示为

$$f_c = \frac{1}{2\pi\sqrt{L_c(C+C_c)}} \tag{3-1}$$

即由参数值 C,C_c 和 L_c 可以计算出传输零点 f_c 的数值。由表 3-2 提取出的等效电路模型的参数值可以看出，添加缝隙后，L_c 的值明显增大，这即是传输零点 f_c 下降的原因。从等效电路的分析可以看出，在逆开口谐振单环的开口处添加一对缝隙，并联电感 L_c 的值显著增大，从而降低了传输零点。因此，可以通过调节缝隙的长度，来控制传输零点的位置。该方法通过简单易行的方式有效控制传输零点的位置，因此将会在设计不同传输零点的微波器件中得到广泛应用。

3.3 逆开口谐振单环在低通滤波器中的应用研究

在对逆开口谐振单环的负介电常数效应的工作机理进行了研究和探讨的基础上,基于传统逆开口谐振单环结构,提出了一种改进设计,即通过调节缝隙的长度来控制传输零点的位置。本节对逆开口谐振单环在低通滤波器中的应用进行研究。该低通滤波器设计方法简单,结构紧凑,且具有良好的通带性能、超宽的阻带性能及较好的选择特性,仿真和实验结果证明该方法的有效性。

3.3.1 低通滤波器的研究现状

低通滤波器在现代通信和雷达系统中有着广泛的应用,因此设计一个高性能的低通滤波器一直是微波技术领域研究的重要课题。最近,采用不同方式设计低通滤波器的文献很多。文献[51]采用集总元件设计出了具有陡峭的选择性的低通滤波器,但是集总元件的焊接不仅引入了寄生效应,而且给制作的可重复性带来了困难。文献[52]采用分布元件设计了低通滤波器,但是其阻带宽度不够宽。另外,电磁带隙(Electromagnetic Bandgap,EBG)结构和缺陷地结构(Defected Ground Structure,DGS)由于具有良好的阻带特性被广泛地应用于滤波器的设计中[53-55]。文献[56]根据谐振加载耦合微带线结构设计了小型化宽阻带低通滤波器,文献[57]采用阶梯阻抗发夹谐振器和激励线谐振器设计了低通滤波器,但是这两者的阻抗带宽和选择特性的提高都很有限。

将逆开环谐振器制作在地板或者平面传输线(如微带线和共面波导)的导带上,可产生负的有效介电常数效应,并且在谐振频率附近信号被阻止通过[33]。文献[58-59]将开环谐振器应用到微带传输线的缺陷地结构中,设计出了结构紧凑的低通滤波器,但是文献[59]所设计的低通滤波器通带内的回波损耗不够好,还有待进一步改进。

在上述文献的基础上,本节采用所提出的改进型逆开口谐振单环结构来设计低通滤波器,并将实验结果与新近报道的文献结果进行了比较,来说明所提方法的可靠性和优越性。

3.3.2 基于改进型逆开口谐振单环超宽阻带低通滤波器

根据3.2节提出的改进型逆开口谐振单环单元来设计低通滤波器。采用介电常数为2.65,厚度为0.8 mm的聚四氟乙烯玻璃布板(F4B-2)作为介质基板材料。为拓展单元结构的阻带带宽,在微带线上对称地加载两个开路支节来增大并联电容，从而改善其阻带特性。为进一步提高带外抑制，采用具有不同传输零点的逆开口谐振单环单元的级联结构。

随着逆开口谐振单环边长的减小，传输零点 f_c 向高端移动，并联谐振电路的等效电感 L_c 逐渐减小，等效电容 C_c 逐渐增大。为使结构紧凑，保持其他参数不变，降低逆开口谐振单环单元的高度 b 即可有效地提高传输零点的值[58]。在逆开口谐振单环单元中，其他参数恒定，增加缝隙长度 h 的值能有效地降低传输零点，减小单元的高度 b 能显著提高传输零点。即仅改变 b 和 h 两个值的大小即可得到传输零点可调的逆开口谐振单环单元。

低通滤波器的截止频率设计为 4.3 GHz，结构如图 3－8 所示，在 Ansoft Designer 中建立模型，通过仿真优化，该滤波器由 7 个不同传输零点的逆开口谐振单环单元组成，从左至右按环 1＃～7＃的顺序排列，开路支节的长度 $l=6$ mm，宽度 $w=1$ mm。环间距 $d=1.4$ mm，逆开口谐振单环单元（见图 3－4）的参数为：$a=4.6$ mm，$t=0.5$ mm，$g=0.5$ mm，单元的高度 b 和缝隙的长度 h 的尺寸及传输零点 f_c 的位置见表 3－3。

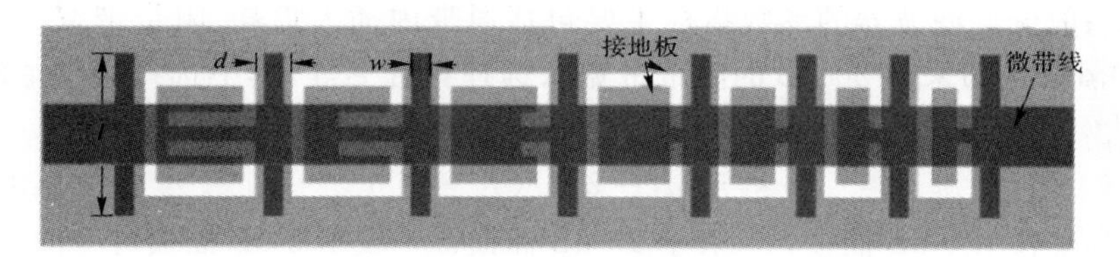

图 3－8　低通滤波器结构图

表 3－3　不同单元的尺寸及传输零点的值

顺序号	1＃	2＃	3＃	4＃	5＃	6＃	7＃
b /mm	4.6	4.6	4.6	4	2.9	2.4	2.1
h /mm	3	2.1	0.5	0	0	0	0
f_c /GHz	4.72	5.25	6.60	7.90	9.58	10.70	11.20

为验证方法的有效性，对所设计的结构进行了加工和实验。图 3－9 所示为低通滤波器的实物图，图 3－10 所示为低通滤波器的仿真和实验结果。

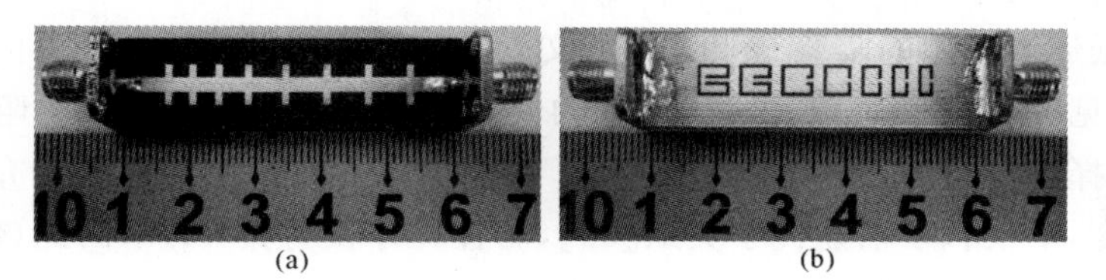

(a)　(b)

图 3－9　低通滤波器的实物图

(a)正面；(b)背面

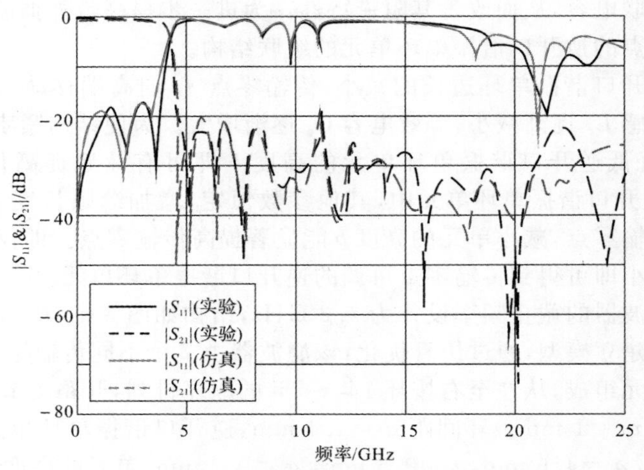

图 3-10　低通滤波器仿真和实验结果

一般低通滤波器的参数指标主要包括通带内插入损耗、阻带带宽(10 dB 或 20 dB,本书采用 20 dB 的阻带带宽)、选择特性 ξ 等,其中选择特性 ξ 的计算式[57]为

$$\xi = (a_2 - a_1)/(f_2 - f_1) \tag{3-2}$$

式中,a_1 表示 3 dB 插损,a_2 表示 20 dB 插损,f_1 表示 3 dB 插损对应的频点,f_2 表示 20 dB 插损对应的频点,ξ 的单位为 dB/GHz。

图 3-10 表明,实验结果与仿真结果吻合较好,证明了所提设计方法的有效性。滤波器截止频率为 4.3 GHz,在通带内插入损耗为 0.3 dB,回波损耗最大旁瓣优于 15 dB,说明具有良好的通带性能;阻带衰减大于 20 dB 的阻带带宽为 20.5 GHz(4.5～25 GHz),相当于 4.7 倍的通带带宽,说明具有超宽的阻带带宽;通带与阻带之间的过渡带仅为 0.25 GHz(4.3～4.55 GHz),其选择特性达到了 68 dB/GHz,说明具有非常好的矩形度。存在的问题主要是该滤波器在 21.3 GHz 时出现了谐振,原因可能是高频段出现了高次模,造成了能量的损失。

把低通滤波器的实验结果与新近文献报道的宽阻带低通滤波器的结果进行对比(见表 3-4),可以看出所设计的低通滤波器的性能:20 dB 的阻带带宽最宽,选择特性最好,通带插损也很好。并且与文献[55]采用相同的介质板材料和厚度,不仅各项性能优于文献[55],而且尺寸仅为其 35%,因此该滤波器也有效地实现了小型化。

表 3-4　宽阻带低通滤波器性能的比较

报道滤波器类型的文献号	插损/dB	阻带带宽(20 dB)		选择特性 ξ (dB·GHz^{-1})
		绝对带宽/GHz	相对带宽/(%)	
[52]	0.90	5.05	103.5	48.6
[53]	0.33	7.90	100	22.5
[54]	0.51	7.60	76	17
[55]	1.05	19.20	124.7	22.9
[56]	0.10	7.20	100	14.2
[57]	—	3.20	72.7	30
[58]	0.50	4.25	87.2	—
提出方法	0.30	20.45	139	68

3.4　逆开口谐振单环在微带天线谐波抑制中的应用研究

微带天线是天线的一个重要分支，由于它具有低剖面、易共形等优点被广泛应用于微波工程中。然而，传统的单层边馈微带贴片天线有一个缺点，就是它具有二次、三次谐振频率，这样就不利于其在有源集成电路中的应用，因为有源电路在二次、三次谐振频率上也有工作，所以在二次、三次谐振频率上就有很强的辐射[55,60-61]。

3.2 节中基于改进型逆开口谐振单环微带线的传输零点的位置随着缝隙长度的变化而变化，因此可通过改变缝隙的长度使传输零点位于谐波处，将不同传输零点的逆开口谐振单环单元级联来设计包括谐波的阻带，就能很好地实现微带天线的谐波抑制。由于逆开口谐振单环单元的加入不会影响工作频率处的功率传输，因此并不会影响微带天线的其他性能指标。

3.4.1　微带天线谐波抑制的研究现状

在实际应用中，为了克服微带天线的谐波，研究人员相继提出了一些方法。开始主要是采用PBG结构来抑制微带天线的谐波,即在微带天线的反射地面上腐蚀出一些周期性的孔结构,利用这种光子晶体结构的低通滤波特性使谐波得到有效的抑制[62-64]。在文献[65]中,采用缺陷地结构低通滤波器达到微带天线谐波抑制的作用。Y. J. Sung等人采用一种小型微带谐振单元实现了天线二次谐波的抑制[66]。文献[55]采用具有宽阻带的分形电磁带隙来抑制谐波。文献[67]利用开环谐振器的负磁导率效应,来抑制微带天线的谐波。文献[68]介绍了利用逆开环谐振器的负介电常数效应进行天线谐波的抑制,通过改变逆开环谐振器的尺寸得到不同阻带的结构单元,来抑制不同位置处的谐波。

本节采用改进型逆开口谐振单环单元结构,通过调整缝隙长度得到不同的传输零点,将不同传输零点的单元级联起来制作在微带线的接地板上,来实现微带天线的谐波抑制。

3.4.2 基于改进型逆开口谐振单环微带天线的谐波抑制

为便于对比,首先设计一个工作频率在3 GHz的传统微带贴片天线,如图3-11所示。采用介电常数为2.65,厚度为0.8 mm的聚四氟乙烯玻璃布板(F4B-2)为材料,微带贴片的长度和宽度均为30.8 mm,50 Ω微带线的长度为40 mm,宽度为2.18 mm。为了达到良好的阻抗匹配,加载一对长度为10 mm,宽度为1 mm的缝隙。

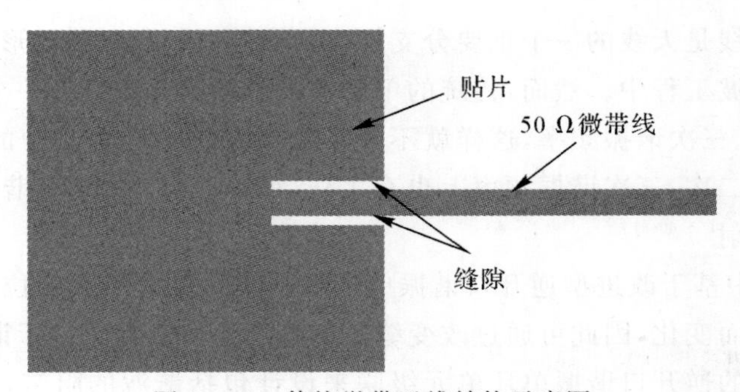

图3-11　传统微带天线结构示意图

天线回波损耗的仿真和实验结果如图3-12所示。由图3-12可以看出,除工作频率外,天线分别在5.74 GHz,6.05 GHz和7.07 GHz附近出现了谐波。

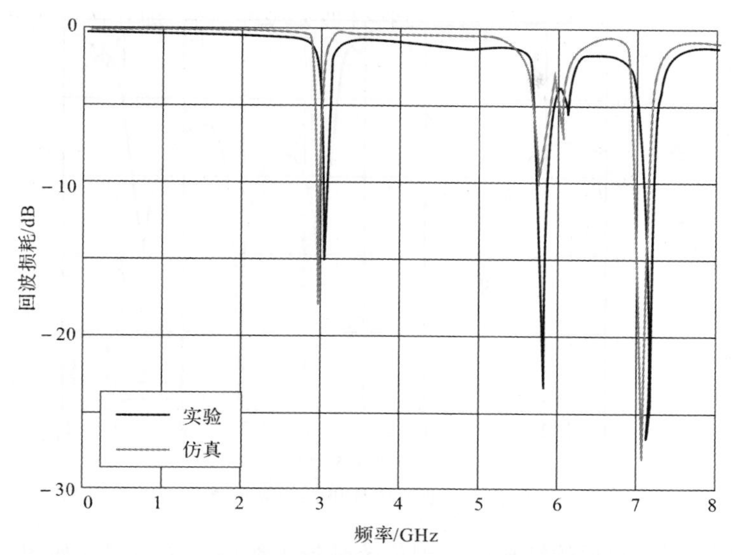

图 3－12　传统微带天线回波损耗的仿真与实验结果

采用三个传输零点不同的改进型逆开口谐振单环单元来抑制这三个谐波，如图 3－13 所示，从左至右按逆开口谐振单环 1、逆开口谐振单环 2 和逆开口谐振单环 3 的顺序排列。逆开口谐振单环单元的尺寸表示同图 3－4，保持其他参数不变（a =4 mm，b =4 mm，t =0.5 mm，g =0.5 mm），缝隙的长度分别为：h_1 =0 mm，h_2 =1 mm，h_3 =2.5 mm。50 Ω 微带线的长度和宽度分别为 40 mm 和 2.18 mm。经过仿真软件 Ansoft Designer 优化，单元间距取为：d_{12} =4 mm，d_{23} =5 mm。微带贴片边沿距逆开口谐振单环 1 的距离为 14.4 mm。将这三个逆开口谐振单环单元制作在微带线的接地板上，其频率响应曲线如图 3－14 所示。由图 3－14 可以看出，三个单元级联后，实现了包括三个谐波的阻带。

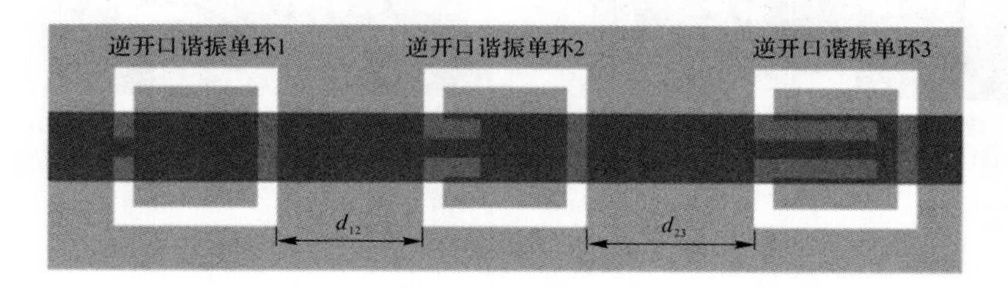

图 3－13　三个逆开口谐振单环单元的级联结构图

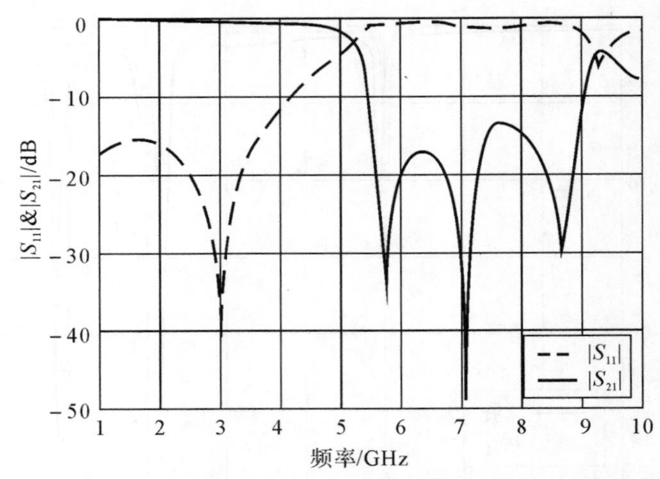

图 3-14　三个逆开口谐振单环单元级联的 **S** 参数仿真结果

将图 3-13 所示的结构应用到传统微带天线中。实物照片如图 3-15 所示，回波损耗的仿真和实验结果如图 3-16 所示。

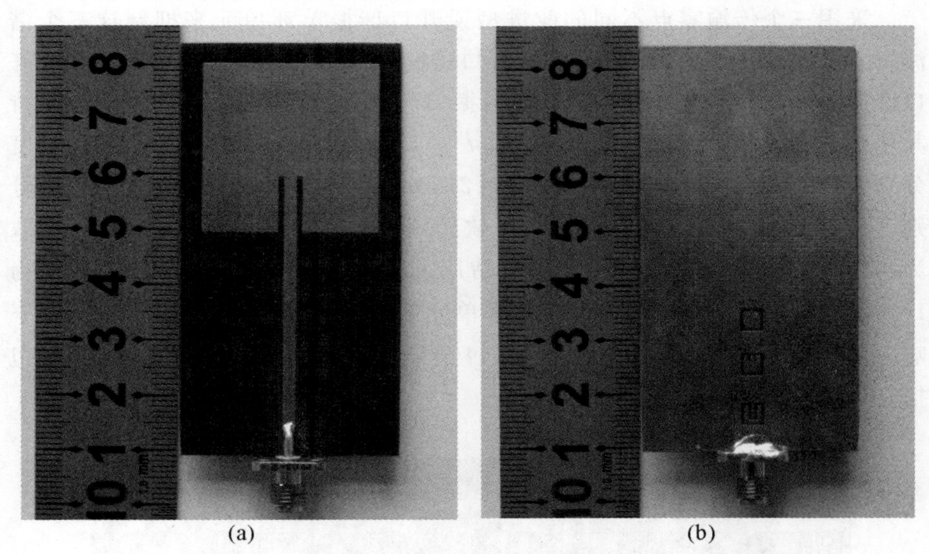

图 3-15　谐波抑制天线的实物照片

(a)正面；（b)背面

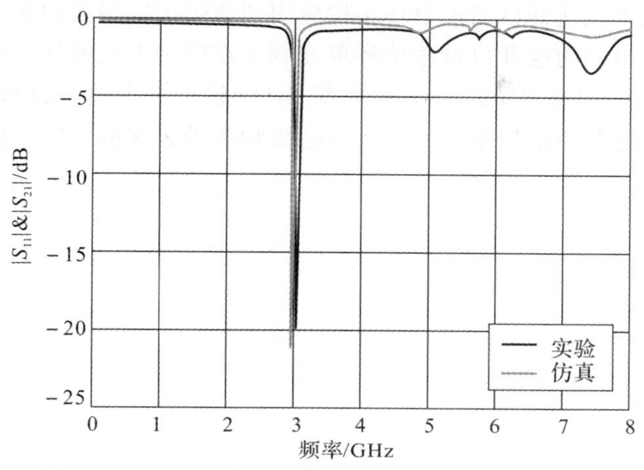

图 3-16　谐波抑制天线的回波损耗仿真与实验结果

由图 3-16 可知，仿真结果与实验结果相吻合，天线工作频率的实验结果与仿真结果稍有偏移，应该是加工误差造成的。在高频处回波损耗的实验结果比仿真结果要差，原因是由于仿真时未考虑介质损耗等因素，但总体还是相当吻合的。对比图 3-12 和图 3-16，可以看到传统贴片天线在 5.74 GHz，6.05 GHz和 7.07 GHz 附近出现的谐波都被很好地抑制掉了，并且逆开口谐振单环的加入不会妨碍工作频率处的功率传输，因此不会影响微带天线的性能指标。与文献[68]相比，该方法不需要改变开口环的外围尺寸，因此更简单，易于推广。

3.5　小　　结

本章主要针对逆开口谐振单环的负介电常数效应及应用进行了研究。

(1)对传统逆开口谐振单环的负介电常数效应的工作机理进行了探讨，在此基础上，提出了一种改进设计，可有效降低传输零点的位置，提出了改进型结构的等效电路模型，并从等效电路角度分析了传输零点下降的原因。

(2)将改进型逆开口谐振单环结构应用到低通滤波器的设计中，设计了一个具有超宽阻带的低通滤波器，该低通滤波器截止频率为 4.3 GHz，通带内插入损耗为 0.3 dB；阻带内衰减大于 20 dB 的阻带带宽为 20.5 GHz(4.5～25 GHz)，相当于 4.7 倍的通带带宽；通带与阻带之间的过渡带仅为 0.25 GHz(4.3～4.55 GHz)，其选择特性达到了 68 dB/GHz。

(3)将改进型逆开口谐振单环结构应用到微带天线谐波抑制中,实验结果表明,将三级级联的逆开口谐振单环单元制作在微带天线的接地板上,传统贴片天线在5.74 GHz,6.05 GHz和7.07 GHz附近出现的谐波都被很好地抑制掉了,并且逆开口谐振单环的引入不会影响微带天线的性能指标。

第4章　基于逆开口谐振单环的复合左右手传输线的小型化设计及应用研究

左手材料是具有负介电常数和负磁导率的材料，复合左右手传输线须将负介电常数的结构与负磁导率的结构相结合才能构成左手传输通带，第3章研究了逆开口谐振单环的负介电常数效应及应用，将其与具有负磁导率效应的材料（如微带线的容性间隙）相结合，就可在一定的频带内获得左手传输效应。小型化是未来电子产品的发展趋势[69-70]，在其他指标变化不大的情况下，设计出小型化的微波器件将是非常有意义的。

本章在逆开口谐振单环的负介电常数效应的基础上，结合微带线间隙的负磁导率效应，研究基于逆开口谐振单环的复合左右手结构的左手传输效应，对复合左右手传输线的小型化设计进行研究，并将提出的小型化的复合左右手传输线结构应用到分支线耦合器的设计中。

4.1　基于逆开口谐振单环的左手传输通带

开口谐振单环可以在其谐振频率周围产生负磁导率效应，而金属导线可以在其等离子体频率下产生负介电常数效应，因此将开口谐振单环与金属导线结合并周期排列，就可构造出左手传输通带。由于逆开口谐振单环与开口谐振单环的对偶性，逆开口谐振单环可在其谐振频率附近产生负介电常数效应，那么将具有负磁导率效应的材料与逆开口谐振单环相结合，也会产生出左手传输通带。而微带线的容性间隙可以产生负磁导率效应，因此将逆开口谐振单环与微带容性间隙结合，可在一定的频率范围获得左手传输通带[11,16,71]，加载逆开口谐振单环微带线的左手传输通带结构如图4-1所示，与图3-2(a)不同的是微带线的中心加载了一个宽为 w 的缝隙。

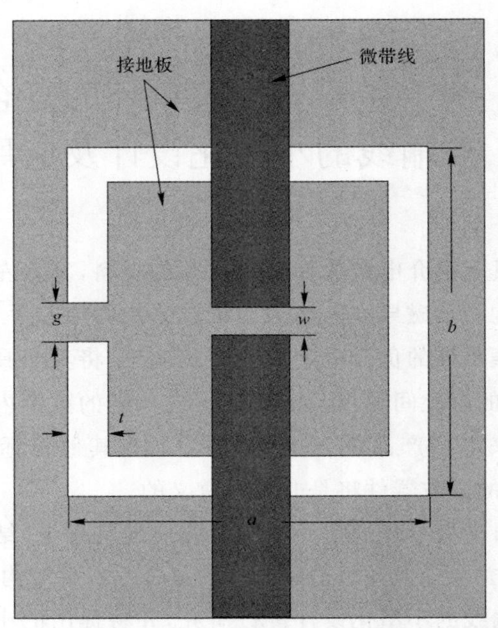

图 4-1　基于逆开口谐振单环的左手传输通带结构图

等效电路模型如图 4-2 所示。C_g 表示微带线间隙的电容效应，由于逆开口谐振单环的作用，C_g 的值将不同于简单的间隙电容计算公式所计算出的值，C 除了包含线电容外，还包括微带线间隙与逆开口谐振单环边缘的电容效应。从等效电路可以看出，在小于 $1/\sqrt{LC_g}$ 的频率范围内，串联支路上呈现出容性阻抗，这对应负磁导率；在 $1/\sqrt{L_c(C+C_c)}$ 与 $1/\sqrt{L_cC_c}$ 之间的频带内，并联支路上呈现出感性阻抗，这对应负介电常数。因此，当这两个频段存在交集时，负磁导率与负介电常数在一定的频带内重合，表现出左手传输特性。

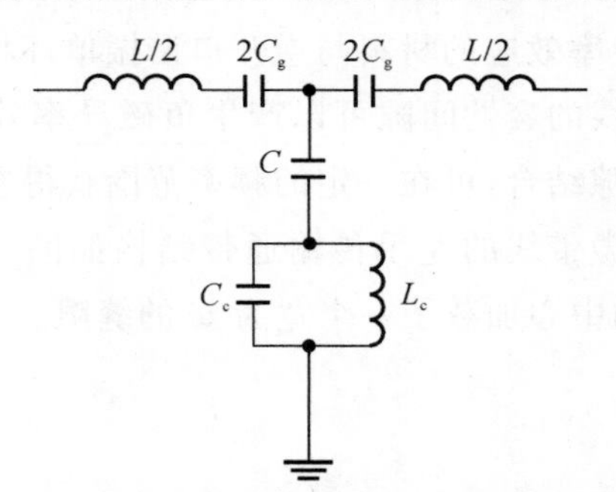

图 4-2　基于逆开口谐振单环的左手传输通带的等效电路模型

为验证理论分析的正确性，在仿真软件 Ansoft Designer 中对该结构建立模型，为了便于与图 3-3 比较，所选择的介质板和逆开口谐振单环的尺寸与图 3-2(a)相同(即 a =4.6 mm，b =4.6 mm，t =0.5 mm，g =0.5 mm，50 Ω 微带线的宽度为 2.18 mm，长度为 20 mm)，不同的是微带线加载了一个宽度 w =0.5 mm 的缝隙。仿真得到的 ***S*** 参数结果如图 4-3 所示。由图 4-3 的仿真结果中可以看出，在 6.5 GHz 附近出现了传输通带，而本来这个频带是由于逆开口谐振单环的负介电常数效应所产生的阻带(见图 3-3)，因此这正是由间隙电容所产生的负磁导率效应与逆开口谐振单环产生的负介电常数效应在该频段重合所产生的左手通带。而在低频段，是传输阻带，对应了正介电常数和负磁导率所产生的阻带效应，因此可以证明上述的理论分析是正确的。利用仿真软件 Serenade 中的优化拟合工具，得到等效电路模型的参数值，见表 4-1。

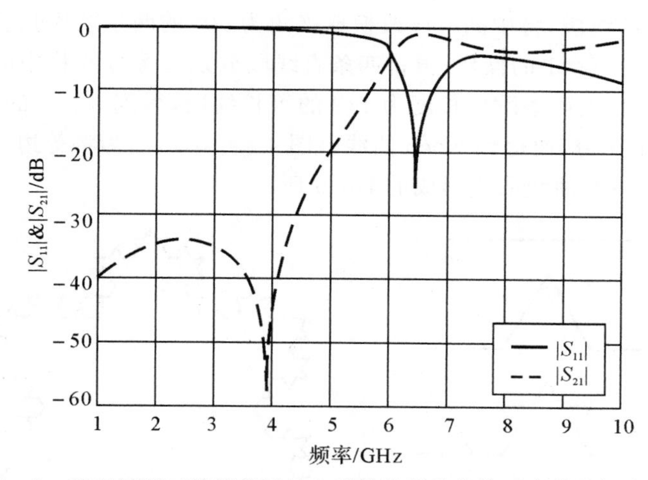

图 4-3　基于逆开口谐振单环的左手传输通带结构 ***S*** 参数的仿真结果

表 4-1　等效电路模型的提取参数

L/nH	C/pF	L_c/nH	C_c/pF	C_g/pF
1.88	6.89	0.16	3.35	0.195

4.2　基于分形几何的复合左右手传输线小型化研究

分形几何结构由于具有空间填充特性和自相似特性而被广泛应用于微波

器件与天线的设计中[55,72]。把微波器件设计成分形几何形状可获得很多优异的性能(如小型化等),且不需要特殊的材料,造价便宜。因此在研究复合左右手传输线的小型化时,首先想到的便是分形几何结构。

在文献[73]中,对矩形逆开环谐振器单元的 Sierpinski 分形已经进行了研究,本节主要对三角形逆开环谐振器单元的 Koch 分形进行研究。在设计复合左右手传输线时,用基于一次和二次 Koch 曲线的逆开环谐振器代替传统逆开环谐振器结构,对结构进行了仿真、加工和实验。

4.2.1 Koch 分形曲线

Koch 曲线于 1904 年由瑞典数学家 H. von Koch 首次构造出,其 Hausdorff 维数 $D = \ln 4/\ln 3 = 1.2618$,构造过程[55]如下。

如图 4-4(a)所示,取一条欧氏长度为 1 的直线段(即 $n = 0$),将其三等分,保留两端的线段,将中间一段改换成夹角为 60° 的两条欧氏长度为 1/3 的等长线段,得到 $n = 1$ 的操作;再将四条直线段分别三等分并将中间的一段改换成夹角为 60° 的两条欧氏长度为 1/9 的等长线段,得到 $n = 2$ 的操作,重复上述操作以至无穷,便得到 Koch 曲线。图 4-4(b)所示为将等边三角形的三条边分别用 Koch 曲线取代形成的 Koch 环。

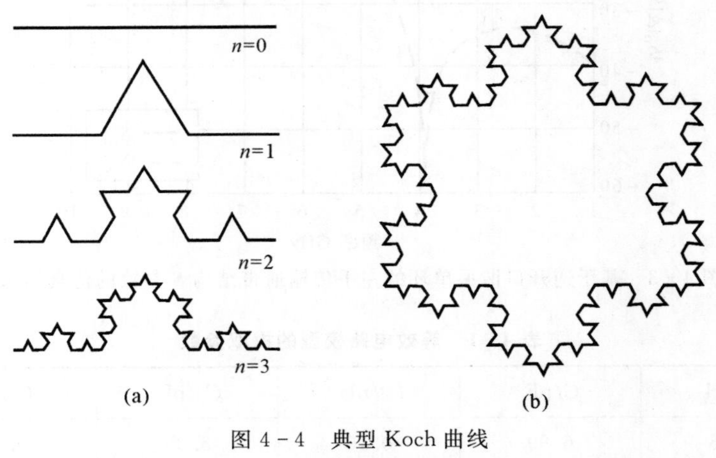

图 4-4 典型 Koch 曲线

(a)Koch 曲线;(b)Koch 环

4.2.2 基于 Koch-逆开环谐振器的复合左右手传输线的小型化研究

利用图 4-4(b)所示的 Koch 环替代三角形逆开环谐振器,按图 4-4(a)所示的生成过程，由于加工精度的限制，只对 $n=0$，$n=1$ 和 $n=2$ 的情况进行研究，其结构如图 4-5 所示。在设计中采用介电常数为 2.65，厚度为 1.5 mm 的聚四氟乙烯玻璃布板(F4B-2)作为介质材料，逆开环谐振器的尺寸设计为：$l=11$ mm，$d_p=0.6$ mm，$d_s=0.7$ mm，$d_g=0.4$ mm，缝隙的宽度均取为 0.3 mm，50 Ω 微带线的宽度和长度分别为 4.1 mm 和 27.5 mm。为了更准确地描述该结构，这里对基于 Koch-逆开环谐振器分形的复合左右手传输线的等效电路采用另外一种模型[4]，如图 4-6 所示。

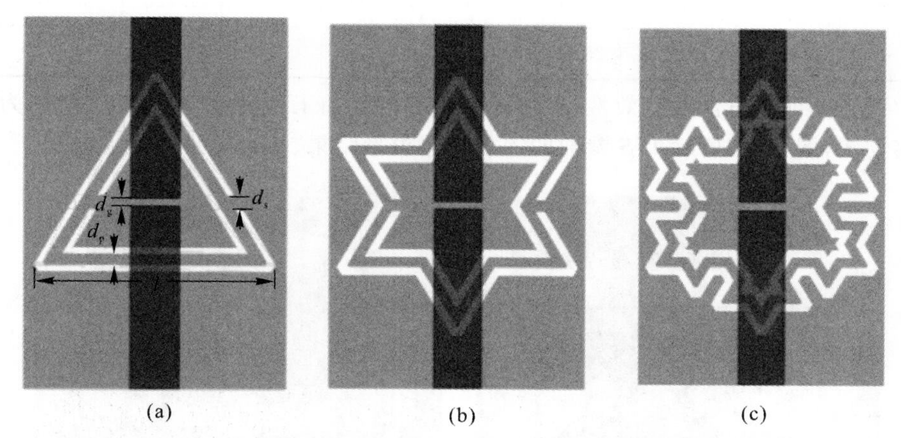

图 4-5　基于 Koch-逆开环谐振器的复合左右手传输线结构图

(a) $n=0$；(b) $n=1$；(c) $n=2$

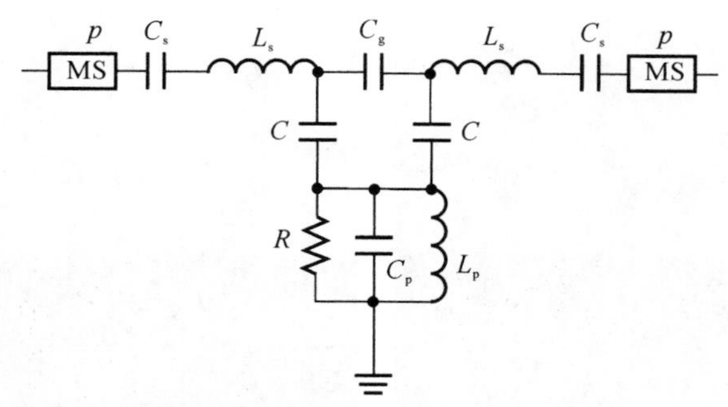

图 4-6　基于 Koch-逆开环谐振器的复合左右手传输线的等效电路模型

在图 4-6 所示的电路模型中，L_s 对应于微带线电感，C_s 对应于微带线正下方的缝隙电容，C_g 对应于微带线上的缝隙电容，C 对应于环缝上方的金属与下方的金属之间的耦合电容，分形逆开环谐振器用一个由 L_p 和 C_p 组成的并联谐振回路来表示，并联的 R 表示损耗。两端的微带线 p 用以表征结构的右手效应。利用 Serenade 可优化拟合得到等效电路模型中的各参数值，见表 4-2。

表 4-2　等效电路模型的提取参数

阶数	L_s/nH	C_s/pF	C_g/pF	C/pF	L_p/nH	C_p/pF	R/kΩ	p/mm
$n=0$	1.511	0.888	29.633	4.262	0.370	8.238	0.272	5.184
$n=1$	2.031	0.689	26.591	2.533	1.354	3.083	5.725	7.414
$n=2$	3.405	0.478	25.013	1.194	4.885	0.838	16.525	9.827

为验证该方法的有效性，对仿真结构进行了加工和实验。图 4-7 所示为实物图，图 4-8 所示为 $\boldsymbol{S}$ 参数的等效电路模型结果、仿真结果和实验结果。

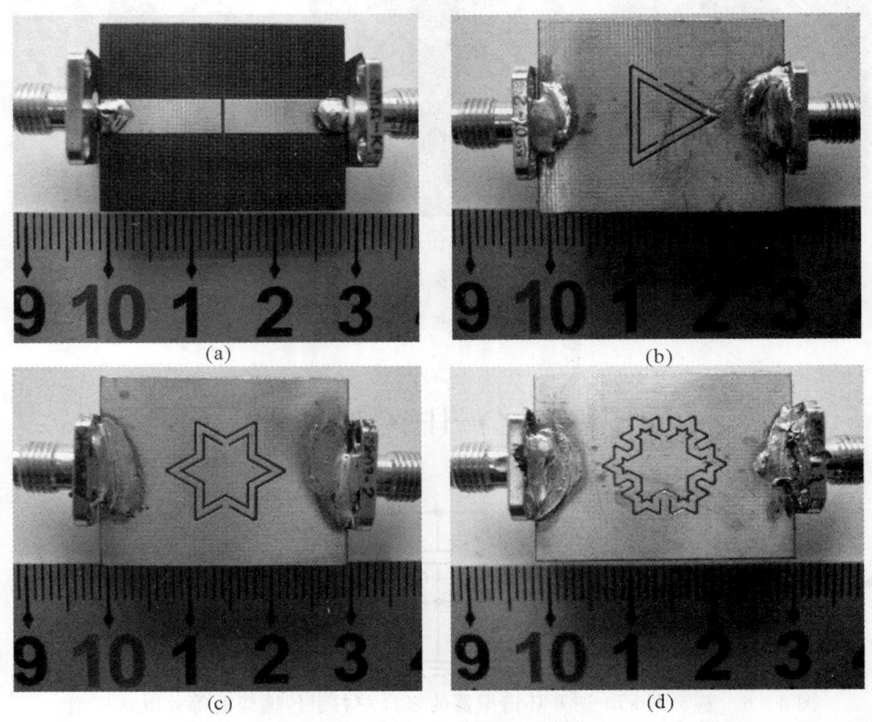

图 4-7　分形复合左右手传输线实物照片

(a)复合左右手传输线的正面；(b) $n=0$；(c) $n=1$；(d) $n=2$

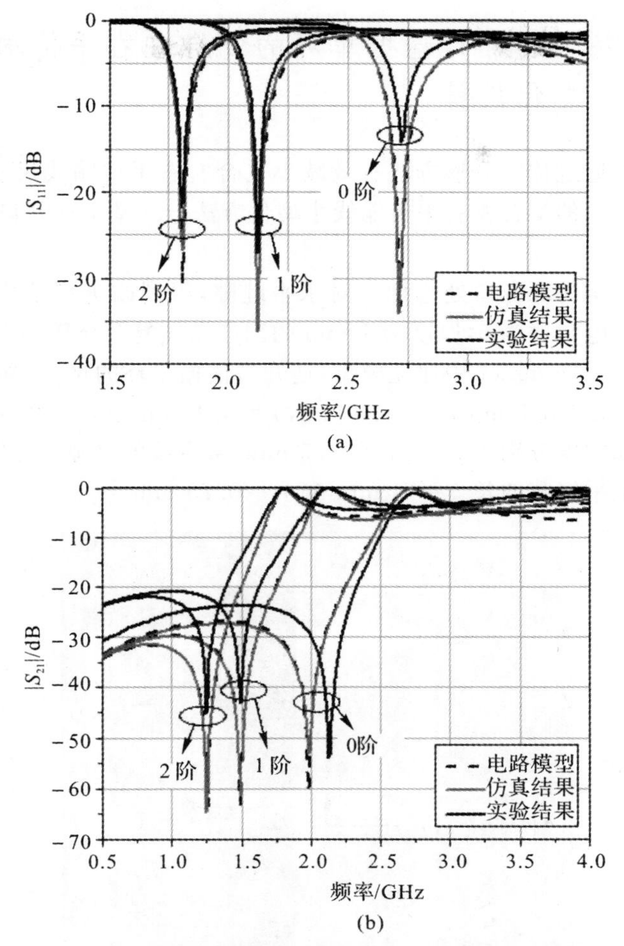

图 4-8　***S*** 参数的等效电路模型结果、仿真结果和实验结果

(a) $|S_{11}|$;(b) $|S_{21}|$

由图 4-8 可以看出,***S*** 参数的等效电路模型结果与仿真结果吻合很好,证明了等效电路模型的正确性;仿真结果与实验结果相吻合,证明了该设计方法的有效性和正确性。0 阶、1 阶和 2 阶基于 Koch -逆开环谐振器的复合左右手传输线的谐振频率分别位于 2.73 GHz,2.12 GHz 和 1.80 GHz,即基于逆开环谐振器的复合左右手传输线采用 1 阶和 2 阶 Koch 分形时,尺寸分别减小 22%和 34%,证明了通过分形曲线可以有效地减小复合左右手传输线的尺寸。

4.3 基于逆开口谐振单环的复合左右手传输线的小型化设计

在4.2节通过传统分形方法有效减小复合左右手传输线尺寸的基础上，本节提出一种新的复合左右手传输线小型化方法——基于逆开口谐振单环的蜿蜒线法。

在传统结构的环开口处添加一对水平缝隙，得到改进型结构，如图4-9所示。采用介电常数为6，厚度为1 mm的国产微波复合介质(TP-2)作为介质板，在Ansoft Designer中建立模型，逆开口谐振单环的尺寸(参数表示同图4-1)设计为：a=8.8 mm，b=8.8 mm，t=0.4 mm，g=0.25 mm，50 Ω微带线的长度和宽度分别为25 mm和1.5 mm，微带线的缝隙h=0.4 mm。所添加的一对水平缝隙的长l=14 mm，宽c=0.25 mm。

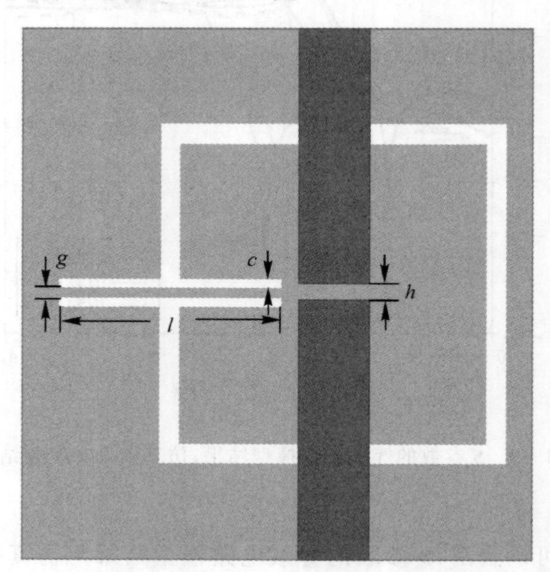

图4-9　基于逆开口谐振单环的复合左右手传输线改进结构图

传统结构和改进结构的频率响应曲线的仿真结果如图4-10所示。由图4-10可以看出，在传统的基于逆开口谐振单环的复合左右手传输线的环开口处添加一对长14 mm的水平缝隙，谐振频率由2.3 GHz降为1.1 GHz，尺寸减小了52%。谐振频点下降的原因应该是所添加缝隙增大了逆开口谐振单环与微带线之间的耦合效应，导致了谐振频率和传输零点的降低。

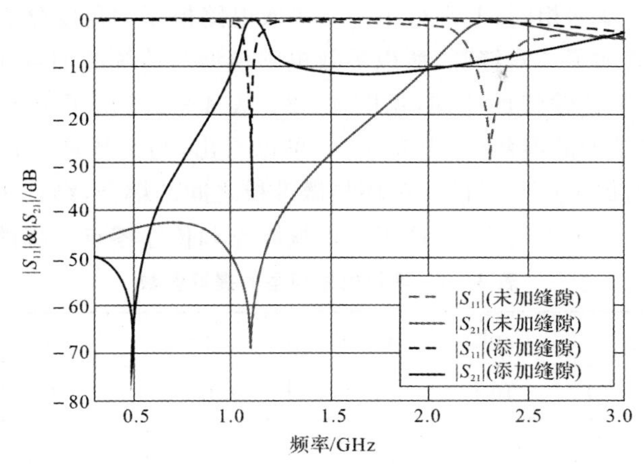

图 4-10　传统结构和改进结构的频率响应曲线的仿真结果

为了进一步分析频点下移的原因，将逆开口谐振单环开口处的缝隙由水平线变换成蜿蜒线，线段的总长度保持不变，均为 14 mm，如图 4-11 所示。将图 4-11 中的三种方式从左至右分别称为结构 1、结构 2 和结构 3。保持其他参数不变，通过仿真软件 Ansoft Designer 对三种方式的频率响应曲线进行仿真，得到谐振频点 f_r 和传输零点 f_z 的位置见表 4-3。

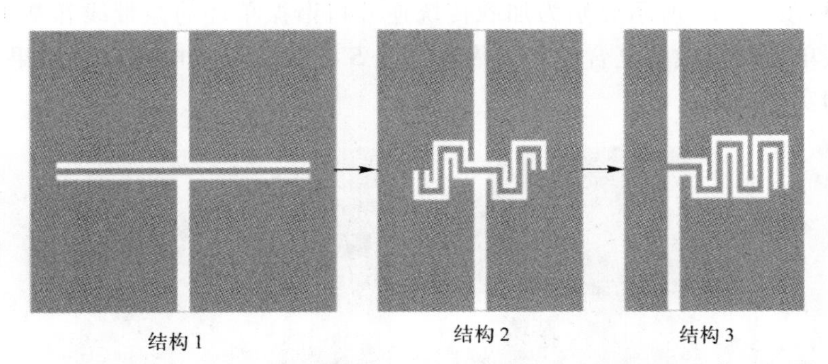

图 4-11　逆开口谐振单环开口处添加的不同形状的缝隙

表 4-3　不同结构的谐振频点 f_r 和传输零点 f_z 的位置

	传统逆开口谐振单环	结构 1	结构 2	结构 3
f_r /GHz	2.31	1.1	1.16	1.14
f_z /GHz	1.10	0.50	0.50	0.51

由表 4-3 可以看出，在缝隙长度相等的情况下，三种结构的谐振频点 f_r

和传输零点 f_z 基本相同，差别很小。从等效电路模型的角度分析频点下降的原因，因为仅添加了一对缝隙，所以等效电路模型与传统的加载逆开口谐振单环的复合左右手传输线的相同，见图 4-2。表 4-4 给出了由 Serenade 提取出的等效电路模型的参数值，由表 4-4 可以看出，与传统逆开口谐振单环结构相比，由于增加了逆开口谐振单环与微带线之间的耦合，结构 1，2 和 3 的 C 和 C_c 的数值有了很大的提高，这正是谐振频点和传输零点下降的主要原因。

表 4-4　等效电路模型的提取参数

	C/pF	C_c/pF	C_g/pF	L/nH	L_c/nH
传统逆开口谐振单环	10	1.75	0.17	13.9	1.75
结构 1	26.87	5.31	0.30	13.9	3.14
结构 2	40.32	8.12	0.35	11.14	1.95
结构 3	45.41	10.72	0.30	7.08	1.63

在缝隙长度相同的情况下，结构 1、结构 2 和结构 3 的谐振频率下降的幅度基本相同，为进一步减小尺寸，只对基于蜿蜒线的结构 3 进行了加工和实验，并制作了传统逆开口谐振单环作为对比。图 4-12 所示为实物图，图 4-13和图 4-14 所示分别为加载传统逆开口谐振单环的微带线和基于逆开口谐振单环蜿蜒线的复合左右手传输线的 ***S*** 参数的等效电路模型结果、仿真结果和实验结果。

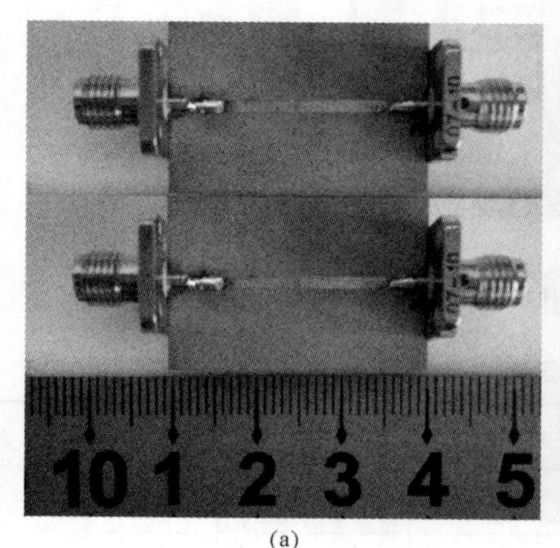

(a)

(b)

图 4-12　所设计结构的实物照片

(a)微带线；　(b)接地板

由图 4－13 和图 4－14 可以看出，**S** 参数的等效电路模型结果与仿真结果吻合很好，证明了电路模型的正确性；仿真结果与实验结果也吻合较好，证明了方法的有效性和正确性。基于传统逆开口谐振单环的复合左右手传输线谐振在 2.3 GHz，而基于逆开口谐振单环蜿蜒线法的复合左右手传输线谐振在 1.1 GHz，基于蜿蜒线法设计的小型化复合左右手传输线与普通的加载逆开口谐振单环的复合左右手传输线相比，尺寸减小了 52%。

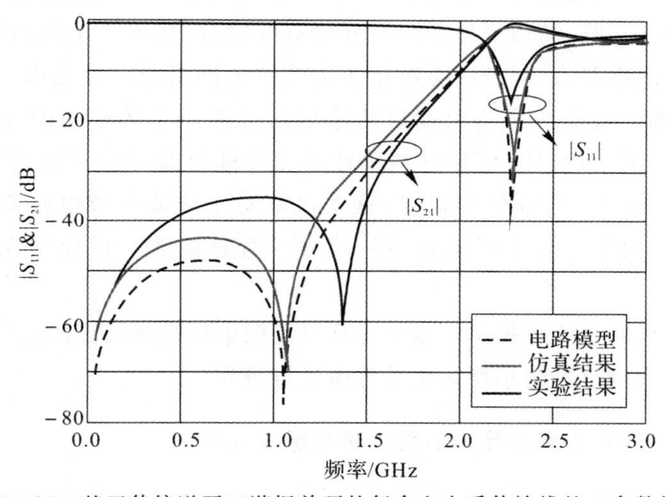

图 4－13　基于传统逆开口谐振单环的复合左右手传输线的 **S** 参数结果

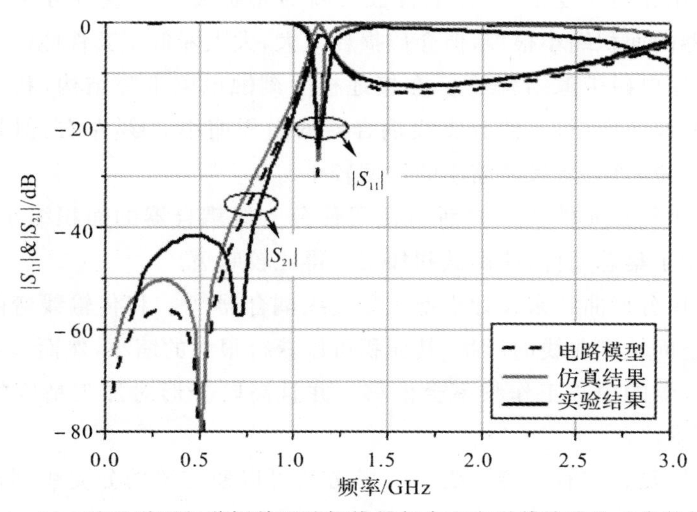

图 4－14　基于逆开口谐振单环蜿蜒线的复合左右手传输线的 **S** 参数结果

4.4 基于逆开口谐振单环的复合左右手传输线在分支线耦合器中的应用研究

分支线耦合器是微波工程中的重要器件之一，也是平面微波集成电路的基本器件之一，尤其是功率等分的 3 dB 分支线耦合器，不仅容易制作，而且输出端口位于同一侧，结构上易于同半导体器件结合，构成平衡混频器、移相器和开关等集成电路，它也被广泛应用于天线馈电网络的设计之中。但在理论上，分支线耦合器的两个输出端口的输出信号在工作频率上的相位差总是90°，无论采用何种方法、何种材料设计分支线耦合器，其四臂的长度都等于1/4 波导波长，当工作在低频段时，这个尺寸对于微波集成电路而言是很大的。因此，如何缩小分支线耦合器的尺寸一直是微波工程设计人员的研究热点。

本节主要对 4.3 节提出的基于逆开口谐振单环蜿蜒线法的复合左右手传输线在分支线耦合器的小型化设计方面进行研究。

4.4.1 分支线耦合器的小型化研究现状

当前，研究人员大致提出了以下几类方法来减小分支线耦合器的面积。

(1)采用介质厚度很厚、介电常数很高的介质板[74]。这种方法可以把分支线耦合器的面积缩小很多，但介质损耗太大，大大降低了其性能。

(2)采用电磁带隙结构[75]。在接地板上刻蚀电磁带隙结构，利用电磁带隙结构的慢波效应，可以使分支线耦合器的面积缩小 20%左右，但是相对于其他方法来说，该方法尺寸缩小的比例较小。

(3)采用集总元件[76]。这种方法可使分支线耦合器的面积缩小很多，但是由于采用了集总元件，使调试和加工变得比较麻烦。

(4)采用分形曲线来设计小型化分支线耦合器[77]。将传输线弯曲成分形曲线或者空间填充曲线的形状，其面积可以获得很大的缩小，然而采用该方法设计的耦合器的中心工作频率会偏移。并且高阶分形对加工精度的要求很高，不利于推广。

(5)采用复合左右手传输线[78]。该方法可以使传统的分支线耦合器的面积缩小 60%左右，由于复合左右手传输线是新提出的方法，还有很多问题需要去研究和探索，本节采用基于逆开口谐振单环蜿蜒线法的复合左右手传输线来设计小型化分支线耦合器。

4.4.2　基于逆开口谐振单环的复合左右手传输线在分支线耦合器中的应用研究

首先设计一个工作频率为 0.7 GHz 的传统分支线耦合器。传统的分支线耦合器由四个电长度为 90°的微带线构成。在设计之前，首先来研究一段特性阻抗为 50 Ω 的电长度为 90°的普通微带线。采用介电常数为 2.65、厚度为 0.5 mm 的聚四氟乙烯玻璃布板（F4B－2）为介质板，工作频率设计为 0.7 GHz，通过 Serenade 软件计算出 1/4 波长为 72.3 mm，50 Ω 微带线的宽度为 1.37 mm，结构如图 4－15 所示，其 **S** 参数和传输相位的仿真结果如图 4－16(a)(b)所示。由图 4－16(a)可以看出，传统的右手传输线在全频段内能量都能很好地传输，由图 4－16(b)可以看出，右手传输线的相位是不断滞后的，且呈线性滞后，在 0.7 GHz，相位为－90°。

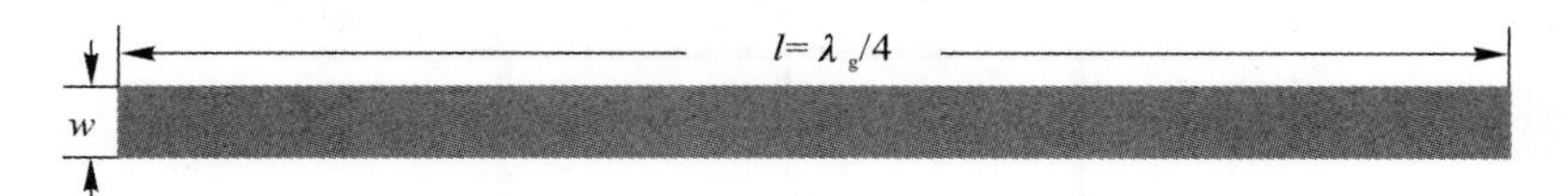

图 4－15　电长度为 90°的传统微带线示意图

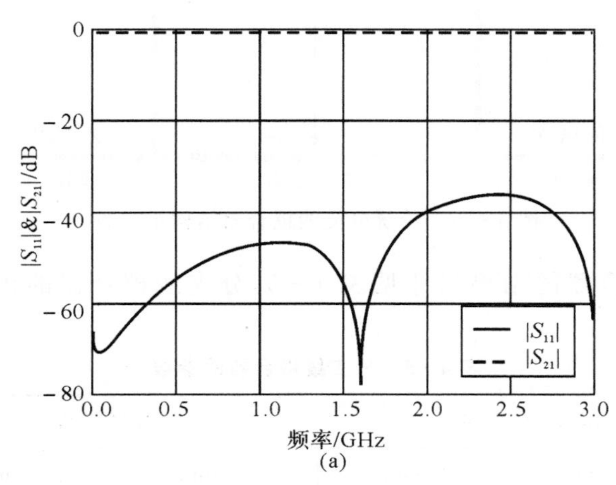

图 4－16　传统微带线仿真结果

(a)**S** 参数

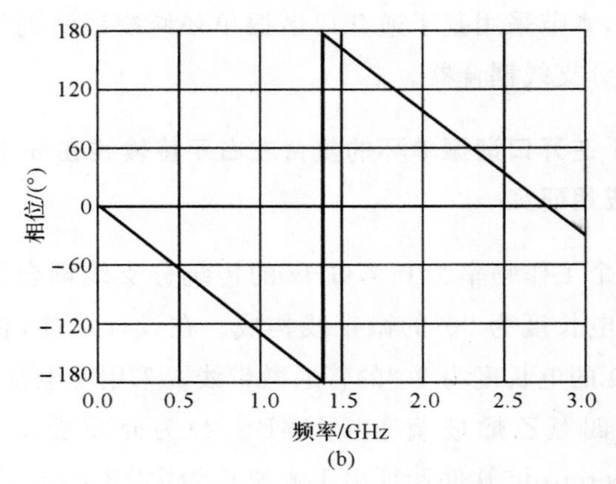

续图 4-16　传统微带线仿真结果

(b)传输相位

同样，再设计一段特性阻抗为 35.35 Ω 的电长度为 90°的微带线，将这两种微带线按图 4-17 所示的方式来设计 3 dB 分支线耦合器。

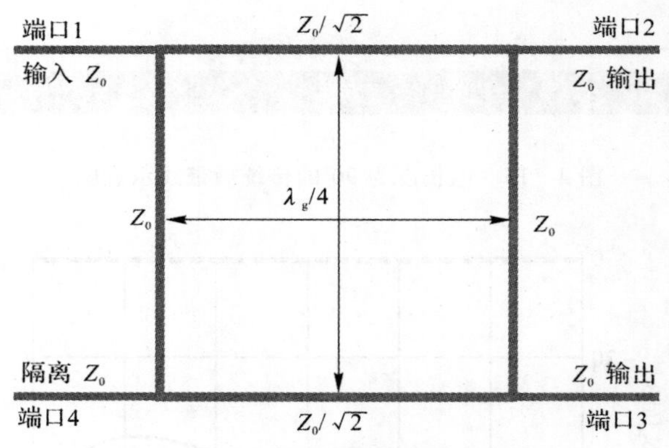

图 4-17　传统分支线耦合器结构示意图

分支线耦合器的结构尺寸见表 4-5，分支线耦合器的仿真结果如图 4-18所示。

表 4-5　分支线耦合器的参数

35.35 Ω 微带线		50 Ω 微带线	
w /mm	l /mm	w /mm	l /mm
2.25	71	1.37	72.3

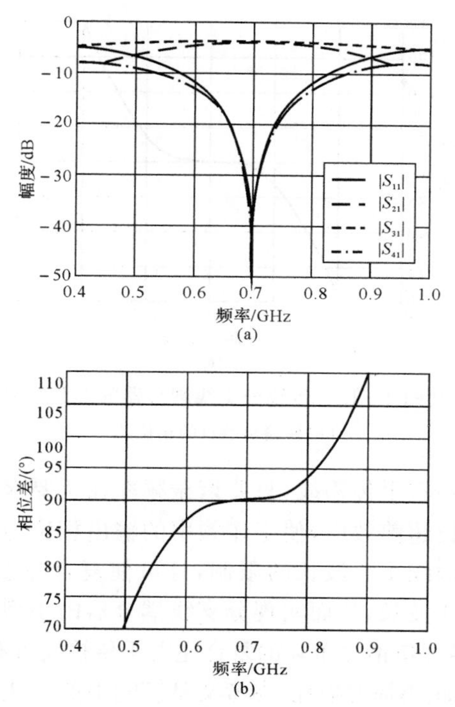

图 4-18　传统分支线耦合器的仿真结果

(a)**S** 参数；（b)两输出端口的相位差

为了验证仿真计算结果，对传统的分支线耦合器进行了实物加工并进行了实验测量，图 4-19 所示为 **S** 参数幅度和输出端口相位差的实验结果。

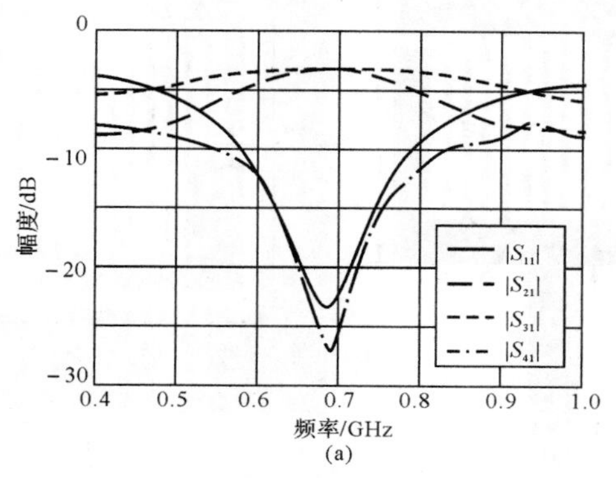

图 4-19　传统分支线耦合器的实验结果

(a)**S** 参数

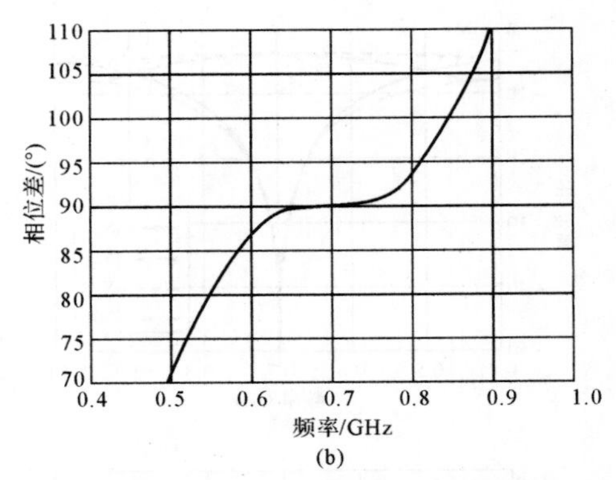

续图 4-19　传统分支线耦合器的实验结果

(b)两输出端口的相位差

如果采用复合左右手传输线，只要谐振频率在所要求的工作频率上，利用左手传输线中的相位超前效应，使工作频率的输出相位为+90°，就可使 90°电长度不再受传统传输线 1/4 波长的限制，且可使复合左右手传输线的长度小于传统传输线的 1/4 波长，从而实现分支线耦合器的小型化。

4.3 节中基于逆开口谐振单环的复合左右手传输线可有效降低传输线的谐振频点。此外，为了减小辐射损耗，参考文献[79]中的方法，采用交指方式来实现间隙电容。基于逆开口谐振单环的复合左右手传输线结构如图 4-20 所示。

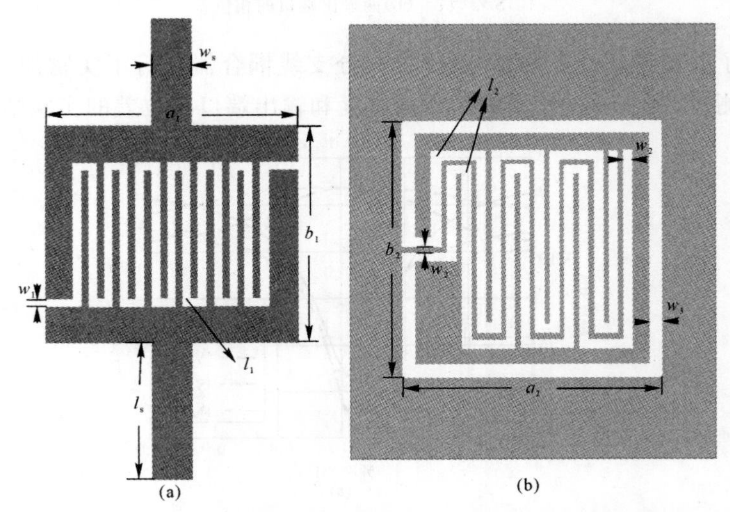

图 4-20　基于逆开口谐振单环的复合左右手传输线结构示意图

(a)微带线；（b)接地板

为了减少仿真时参量的个数，保持结构中所有缝隙的宽度固定，即 $w_1=0.25$ mm，$w_2=0.25$ mm，$w_3=0.4$ mm。在仿真软件 Ansoft Designer 中对图 4-20 所示结构进行仿真，总结出下述规律。

(1)增大微带线中的 a_1，b_1，l_1，复合左右手传输线的谐振频点降低，90°输出相位差的位置也随着谐振频点的降低而降低。

(2)增加 50 Ω 微带线的长度 l_s，复合左右手传输线的谐振频点不变，相移量降低。这可从复合左右手传输线理论来解释，复合左右手传输线中的左手效应使相位不断超前，而右手特性使相位不断滞后，增加 50 Ω 微带线的长度就是增加了复合左右手传输线的右手效应，从而使相移量降低，且不影响谐振频点的位置。

(3)增大接地板中的 l_2，复合左右手传输线的谐振频点降低，90°输出相位的位置也随着谐振频点的降低而降低。

以特性阻抗为 50 Ω 的电长度为 90°的复合左右手传输线为例。与图 4-15一样，采用介电常数为 2.65、厚度为 0.5 mm 的聚四氟乙烯玻璃布板(F4B-2)作为介质板，工作频率也设计为 0.7 GHz，具体参数见表 4-6。其 ***S*** 参数和传输相位的仿真结果如图 4-21 所示。由图 4-21(a)可以看出，复合左右手传输线仅在关心的频段内有能量的传输，这也决定了由该传输线设计的分支线耦合器的带宽较窄；由图 4-21(b)可以看出，复合左右手传输线的相位不再是线性滞后的，而是明显带有左手传输线相位超前的特性。由表 4-6 中的尺寸可以看出，该复合左右手传输线与传统的微带线相比，尺寸大大减小。因此，采用此方法设计分支线耦合器，可以有效地减小尺寸。

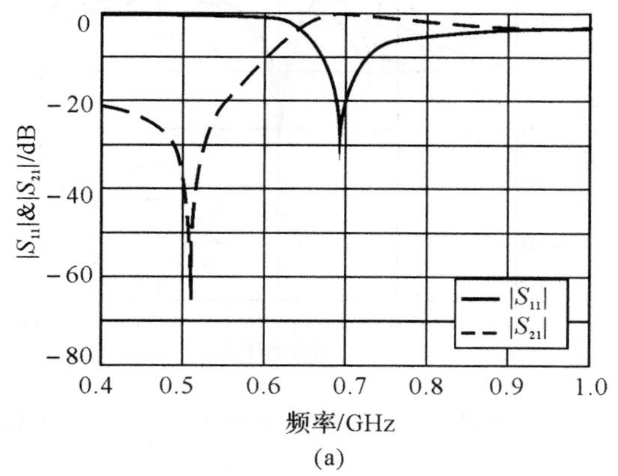

(a)

图 4-21　复合左右手传输线仿真结果

(a)***S*** 参数

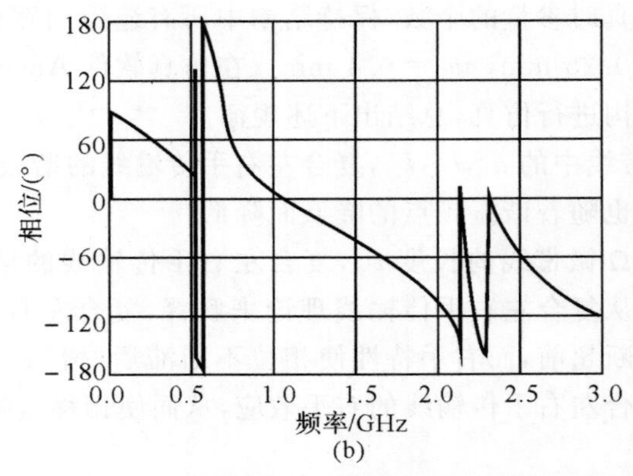

(b)

续图 4-21 复合左右手传输线仿真结果

(b)传输相位

经过仿真优化，所设计的分支线耦合器的参数见表 4-6。**S** 参数幅度和输出端口相位差的仿真结果如图 4-22 所示。

表 4-6 小型化分支线耦合器的参数 **单位：mm**

微带线	l_s	w_s	a_1	b_1	l_1	a_2	b_2	l_2
35.35 Ω	9.45	2.25	8	7.5	98	8.8	8.8	43.4
50 Ω	9	1.34	8	7	65.2	8.8	8.8	46.78

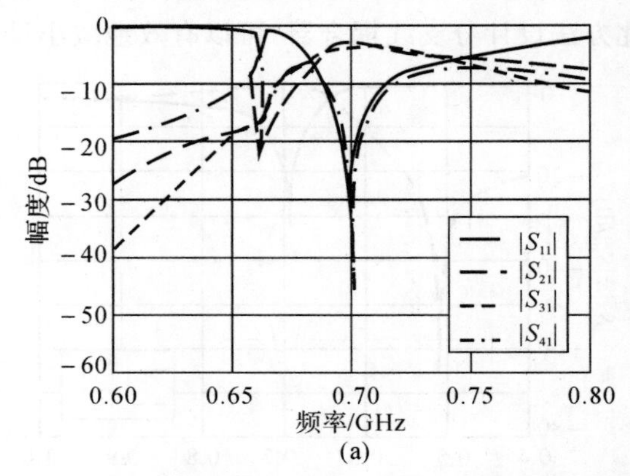

(a)

图 4-22 基于复合左右手传输线的分支线耦合器仿真结果

(a)**S** 参数

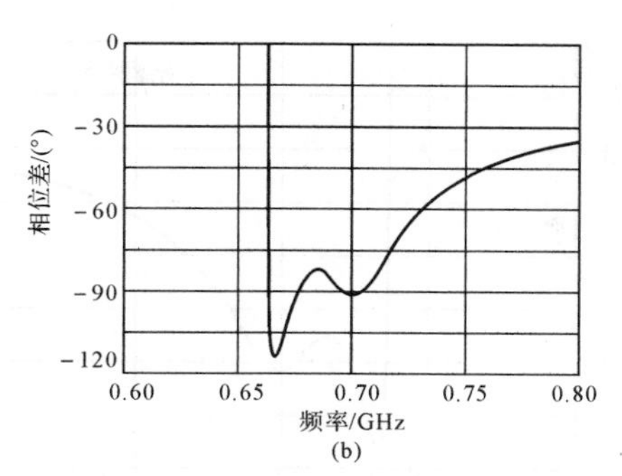

续图 4-22　基于复合左右手传输线的分支线耦合器仿真结果

(b)输出端口相位差

为验证仿真计算结果，对所设计的小型化分支线耦合器进行了加工和实验。图 4-23 所示为实物图，图 4-24 所示为 **S** 参数幅度和输出端口相位差的实验结果。

图 4-23　基于复合左右手传输线的分支线耦合器的实物图

(a)正面；(b)背面

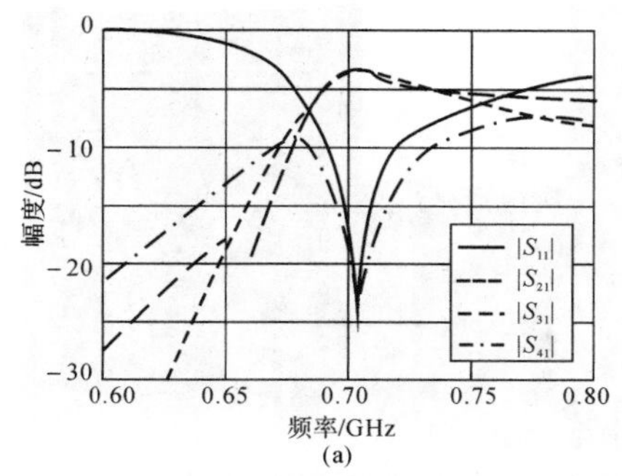

图 4-24　基于复合左右手传输线的分支线耦合器实验结果

(a)**S** 参数

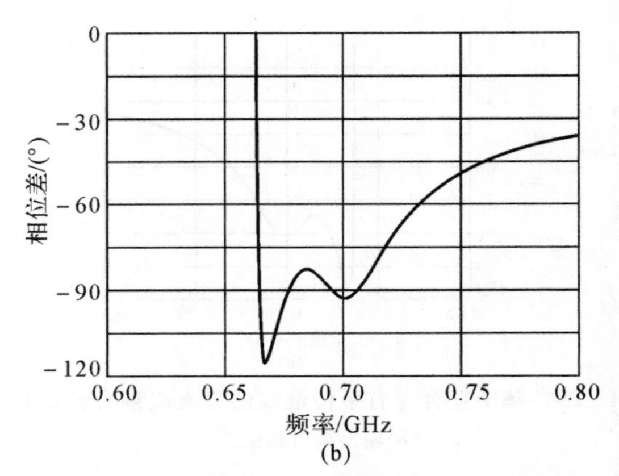

续图 4-24 基于复合左右手传输线的分支线耦合器实验结果

(b)输出端口相位差

由图 4-22 的仿真结果与图 4-24 的实验结果可以看出，两者是相当吻合的，证明了所提出设计方法的正确性。实验结果与仿真结果稍有偏移，应是加工误差造成的。由图 4-25 所示的传统分支线耦合器与所提出方法设计的小型化分支线耦合器的实物对比图可以看出，传统分支线耦合器所占用的面积为 72.37 mm×76.82 mm，而所设计的基于复合左右手传输线分支线耦合器的面积为 36 mm×35.2 mm，即减小了 77.2%。由于实际加工、焊接以及材料介质损耗等原因，该小型化耦合器的能量损失较仿真结果偏大；在解释图 4-21 时已经分析过，基于逆开口谐振单环蜿蜒线的复合左右手传输线仅在关心的频段内有能量的传输，这就决定了由该方法设计的分支线耦合器的带宽较窄，这也是以后改进的方向。

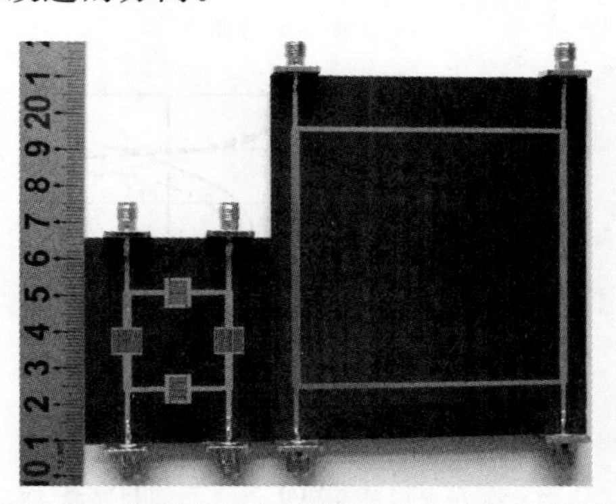

图 4-25 传统分支线耦合器与设计的分支线耦合器的实物对比图

4.5　小　结

本章在逆开口谐振单环负介电常数效应的基础上，主要对基于逆开口谐振单环的复合左右手传输线小型化的设计及应用进行了研究。

(1)用基于一次和二次 Koch 分形曲线的逆开环谐振器代替传统的逆开环谐振器来设计复合左右手传输线，尺寸分别减小了 22%和 34%。

(2)提出一种复合左右手传输线小型化的方法——基于逆开口谐振单环的蜿蜒线法。与普通的加载逆开口谐振单环的复合左右手传输线相比，尺寸减小了 52%。

(3)利用所提出的基于逆开口谐振单环蜿蜒线法的复合左右手传输线设计了一个小型化的分支线耦合器，对仿真结果进行了加工和实验，实验结果表明，所设计的基于复合左右手传输线分支线耦合器的面积只有传统分支线耦合器的 22.8%。

第 5 章　新型复合左右手传输线结构的设计及应用研究

传统的基于逆开环谐振器和逆开口谐振单环结构的复合左右手传输线需要在接地面上刻蚀图形，并且带宽较窄，带外抑制也较差，这就影响了此类复合左右手传输线的应用，因此尝试新型复合左右手传输线结构，研究其特性，探索其应用就显得很有意义。

本章提出一种新型复合左右手传输线结构，该结构不需要缺陷地结构，而是用金属化接地过孔提供负介电常数效应，微带线间隙提供负磁导率效应。通过色散曲线证明其为复合左右手传输线结构，研究其结构参数对其 **S** 参数的影响，提出该结构的等效电路模型，并对其在平衡和非平衡条件下的应用进行探讨。

5.1　新型复合左右手传输线结构的设计

构造复合左右手传输线，一般有两种实现方式：第一种是利用集总参数元件来实现，如表面贴装技术元件[80]；第二种是基于传输线的分布参数效应来实现。第二种方式又可分为两类：一类是基于等效方式实现的结构，如逆开环谐振器[16,33,79,81-82]及逆开口谐振单环，这类方式不是很直观；另一类是采用较直观的分布参数元件，如交指电容、短路支节电感等[10,83]。基于等效实现的方式已经在第 4 章介绍过，本节主要讨论基于交指电容和短路支节电感来构造复合左右手传输线。

5.1.1　新型复合左右手传输线结构的提出

新型复合左右手传输线结构[84]如图 5－1 所示。其中深色部分为金属导体，白色为腐蚀掉的部分。介质板采用相对介电常数为 2.65，厚度为 1.5 mm 的聚四氟乙烯玻璃布板(F4B－2)。由图 5－1 可以看出，该结构为对称结构，两侧是 50 Ω 微带线，紧靠微带线的一对开路支节与中间矩形导体之间的缝隙等效为串联电容，提供负的磁导率效应；半径为 r 的金属化接地过孔等效为并联电感，提供负的介电常数效应。

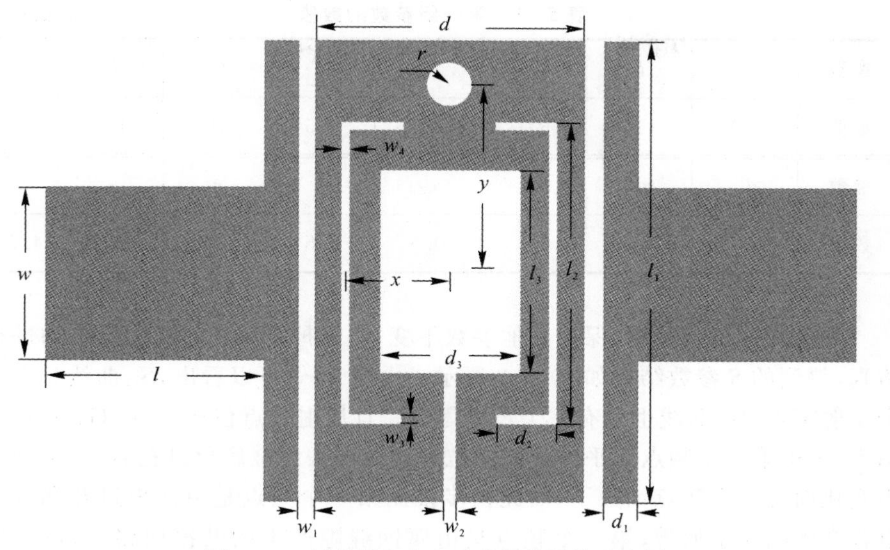

图 5-1　新型复合左右手传输线结构示意图

在仿真软件 Ansoft Designer 中建立模型,给定第一组参数,参数数值见表 5-1。对加载新结构的微带线进行仿真,得到 **S** 参数如图 5-2 所示。由图 5-2 中可以看出,**S** 参数曲线有两个反射零点和两个传输零点,并且这两个反射零点靠得很近,分别为 3.44 GHz 和 3.60 GHz,可看出该结构具有带通滤波器的效应。

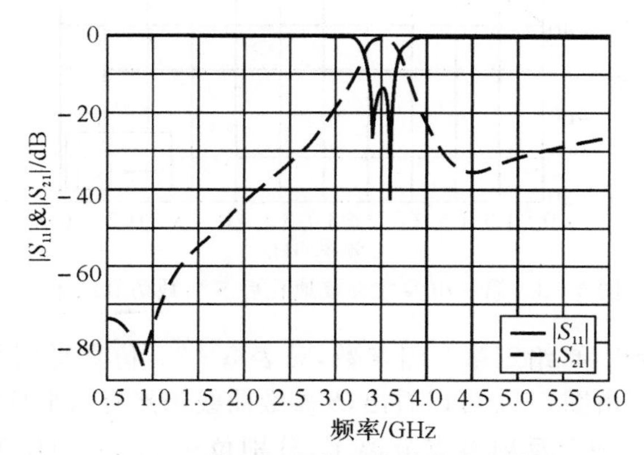

图 5-2　第一组参数 **S** 参数的仿真结果

表 5-1　第一组参数的数值　　单位:mm

参数	w	l	d	l_1	d_1	l_2	d_2	l_3
数值	4.1	1	6.1	11	0.5	10	1.8	8
参数	d_3	w_1	w_2	w_3	w_4	r	x	y
数值	3.1	0.2	0.3	0.5	0.5	0.5	2.3	4.75

为深入分析该结构,保持其他参数不变,对去掉金属化过孔 r 的结构进行仿真,得到的 **S** 参数结果如图 5-3 所示。由图 5-3 可以看出,S_{11} 曲线只有一个反射零点,S_{21} 曲线也只有一个传输零点。且反射零点位于 3.66 GHz,这与图 5-2 中第二个频点几乎位于同一位置。也即去掉金属化过孔后,一个频点不变化而另一个频点消失了,因此初步推测第一个频点是由接地过孔和缝隙电容产生的左手通带,第二个频点是由腐蚀缝隙产生的谐振回路,为右手通带。由复合左右手传输线理论可知,这里的左手通带和右手通带靠得很近,形成了一个复合左右手传输线平衡结构。

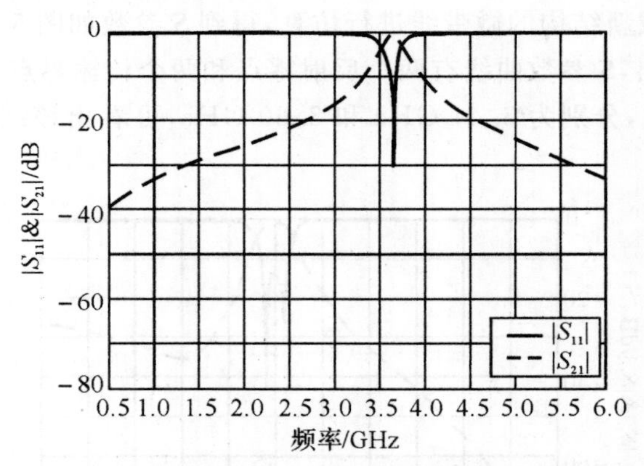

图 5-3　第一组参数去接地孔后 **S** 参数仿真结果

基于上述分析,再给定第二组参数,见表 5-2。仿真得到的 **S** 参数结果如图 5-4 所示。由图 5-4 可以看出,**S** 参数曲线仍然有两个反射零点和两个传输零点,但是这两个反射零点分离了,分别位于 3.68 GHz 和 4.88 GHz。可以看出该结构具有双通带滤波器的效应。

表 5-2　第二组参数的数值　　　　**单位**:mm

参数	w	l	d	l_1	d_1	l_2	d_2	l_3
数值	4.1	1	5.6	11	0.5	10	1.55	2.5
参数	d_3	w_1	w_2	w_3	w_4	r	x	y
数值	1	0.25	0.25	3.25	1.3	0.5	1.65	4.25

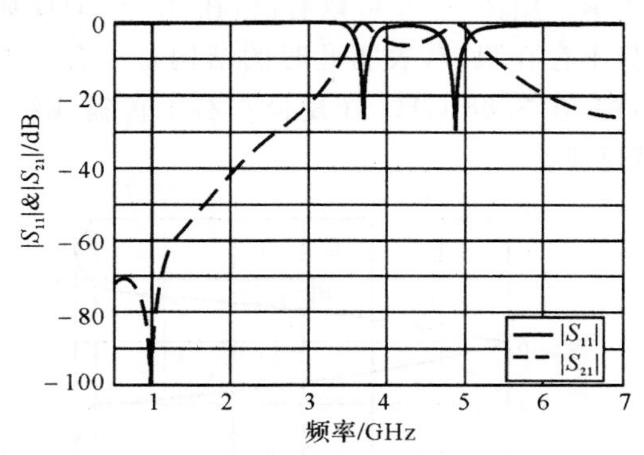

图 5-4　第二组参数 ***S*** 参数仿真结果

同样,将金属化接地过孔去掉,保持其他参数不变,仿真得到的 ***S*** 参数结果如图 5-5 所示,S_{11} 曲线只有一个反射零点,S_{21} 曲线也只有一个传输零点。并且这个反射零点位于 4.85 GHz,这与图 5-4 中第二个频点几乎位于同一位置。也即去掉金属化过孔后,一个频点不变化而另一个频点却消失了,因此初步推测这两个频点一个应为左手通带,另一个为右手通带,并且此时左手通带和右手通带分离了,形成一个复合左右手传输线非平衡结构。

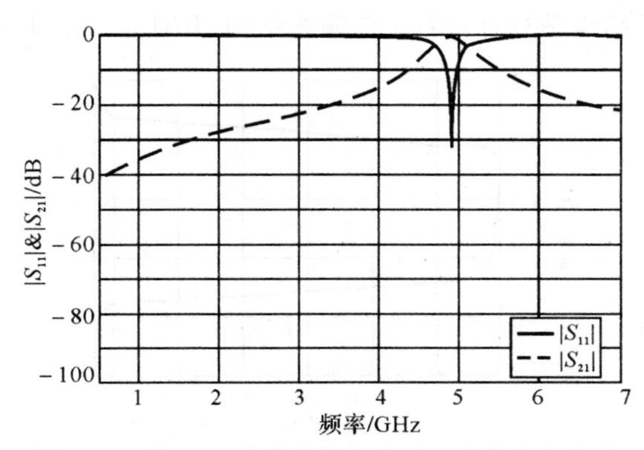

图 5-5　第二组参数去接地孔后 ***S*** 参数仿真结果

5.1.2 新型复合左右手传输线结构的色散曲线

复合左右手传输线的色散关系是非线性的，既有右手传输线的线性部分，又有左手传输线的双曲性部分，因而称之为“双曲-线性”色散关系。5.1.1节初步推测该结构为复合左右手传输线结构，但具体的判断标准应是色散曲线。

根据2.2节中色散曲线的计算方法，当新结构尺寸取第一组参数时，其色散曲线如图5-6所示。由图5-6可以看出，在3.58 GHz附近，周期结构的相位常数为零，并且不存在阻带，表明此时的结构是复合左右手传输线结构，并且是一个平衡结构，在3.58 GHz处复合左右手传输线结构由左手传输通带向右手传输通带过渡。

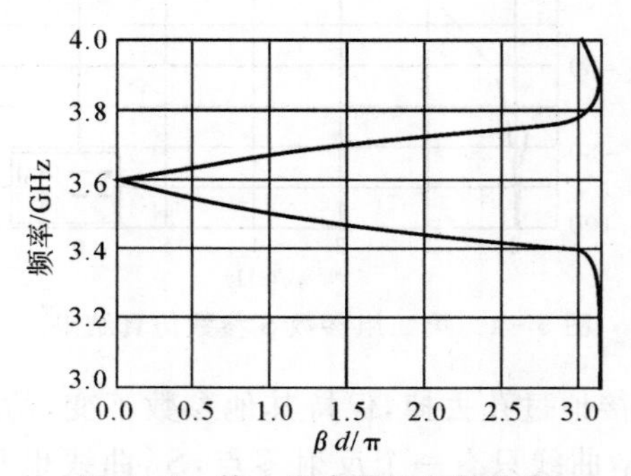

图5-6　第一组参数的色散曲线

当结构尺寸取第二组参数时，色散曲线如图5-7所示。由图5-7可以看出，在小于3.9 GHz的频带范围表现为左手传输特性，而在大于4.7 GHz的频率范围表现为右手传输特性，在3.9～4.7 GHz之间，β为虚数，出现了一段阻带，表明此时所提结构是复合左右手传输线结构，并且是一个非平衡结构。

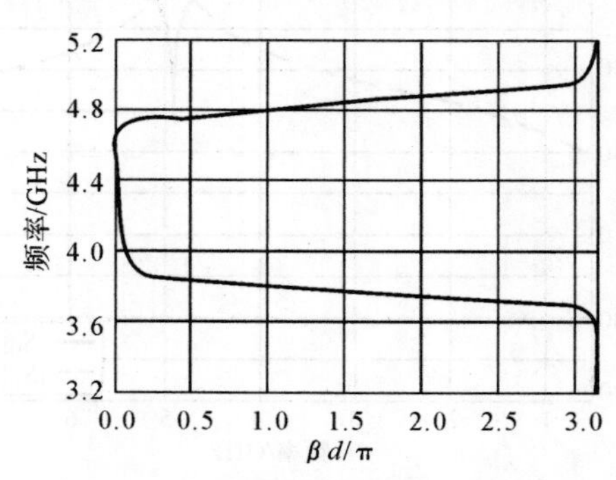

图5-7　第二组参数的色散曲线

5.1.3 新型复合左右手传输线结构的等效电路模型

5.1.2节通过色散曲线证明了所提结构为复合左右手传输线结构，并且在第一组参数和第二组参数时分别表现为平衡结构和非平衡结构。在此基础上，本节提出了结构的等效电路模型，如图5-8所示。并在平衡条件和非平衡条件的情况下提取了等效电路的参数值。

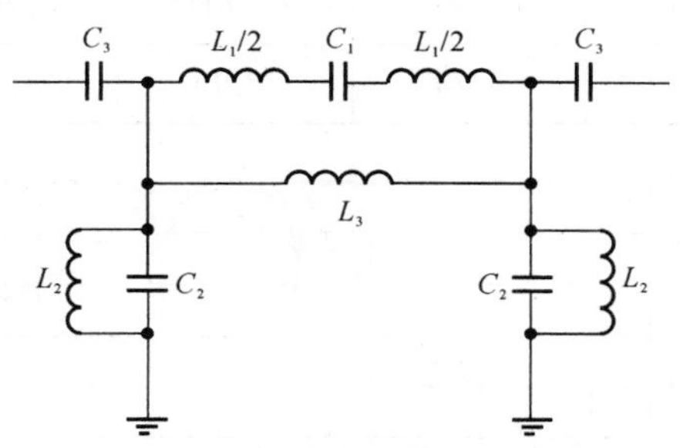

图5-8 新结构单元等效电路模型

在平衡条件下，利用电路仿真软件Serenade中的优化拟合工具来提取等效电路模型中各元件参数的值，等效电路模型的提取参数见表5-3。

表5-3 平衡条件下等效电路模型的提取参数

C_1/pF	C_2/pF	C_3/pF	L_1/nH	L_2/nH	L_3/nH
0.72	2.57	0.45	26.32	0.75	14.88

将Ansoft Designer仿真得到的***S***参数结果与等效电路模型得到的***S***参数结果进行比较，如图5-9所示。由图5-9可以看出，在平衡条件下，由等效电路模型得到的***S***参数和电磁仿真得到的***S***参数趋势一致，拟合良好，证明了所提等效电路模型的正确性。

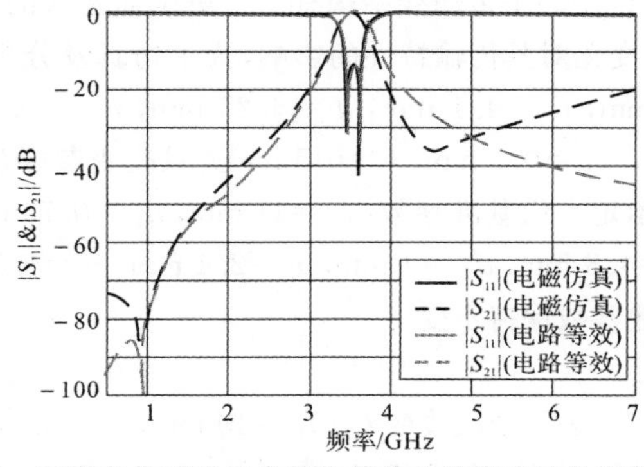

图5-9 平衡条件下的***S***参数的等效电路模型结果和仿真结果

在非平衡条件下，优化拟合的结果见表5-4。将Ansoft Designer仿真得到的**S**参数和等效模型得到的**S**参数进行比较，如图5-10所示。由图5-10可以看出，在非平衡条件下，等效电路模型结果和仿真结果也证明了所提等效电路模型是正确的。

表5-4 非平衡条件下等效电路模型的提取参数

C_1/pF	C_2/pF	C_3/pF	L_1/nH	L_2/nH	L_3/nH
1.51	1.03	0.24	12.14	1.50	5.90

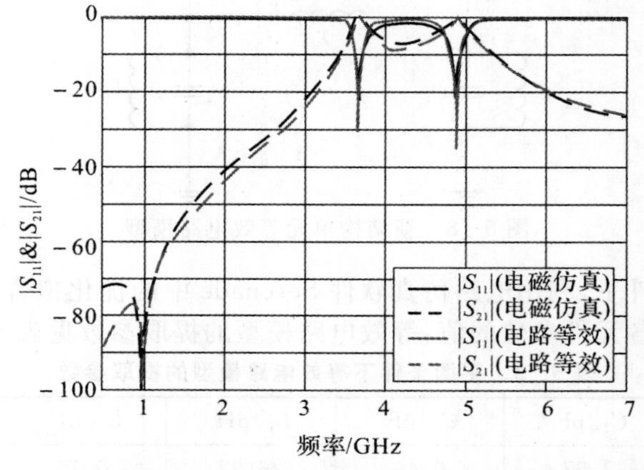

图5-10 非平衡条件新结构单元的**S**参数的等效电路模型结果和仿真结果

5.2 新型复合左右手传输线结构的传输特性分析

为了对新型复合左右手传输线结构有一个更全面深入的认识，本节主要讨论结构主要参数的变化对其传输特性的影响，为了仿真及分析的方便保持以下参数固定：l =10 mm，w =4.1 mm，d =6.28 mm，w_1 =0.12 mm，w_2 =0.2 mm，w_3 =0.2 mm，w_4 =0.2 mm，r =0.5 mm。只改变参量l_1，d_1，l_2，d_2，l_3，d_3，x，y。首先给定一组基准参数：l_1 =11 mm，d_1 =0.79 mm，l_2 =7.2 mm，d_2 =1.4 mm，l_3 =4.8 mm，d_3 =4 mm，x =2.4 mm，y =4.5 mm，即当其中一个参数变化时，其他参数保持不变。

1. 单元的高度

单元的高度由l_1表示，依次改变l_1（l_1 =10 mm，10.5 mm，11 mm，11.5 mm，12 mm)，得到**S**参数随l_1变化的曲线，如图5-11所示。图5-11中，S_{11}曲线有两

个反射零点，随着 l_1 的增加，低端反射零点和高端反射零点下移，两个反射零点逐渐靠拢，可见增大 l_1 可有效降低反射零点的位置；S_{21} 曲线有两个传输零点，随着 l_1 的增加，低端传输零点变化不大，而高端传输零点逐渐下移，可见 l_1 主要影响高端传输零点。同时，随着 l_1 的增加，通带宽度逐渐变窄。

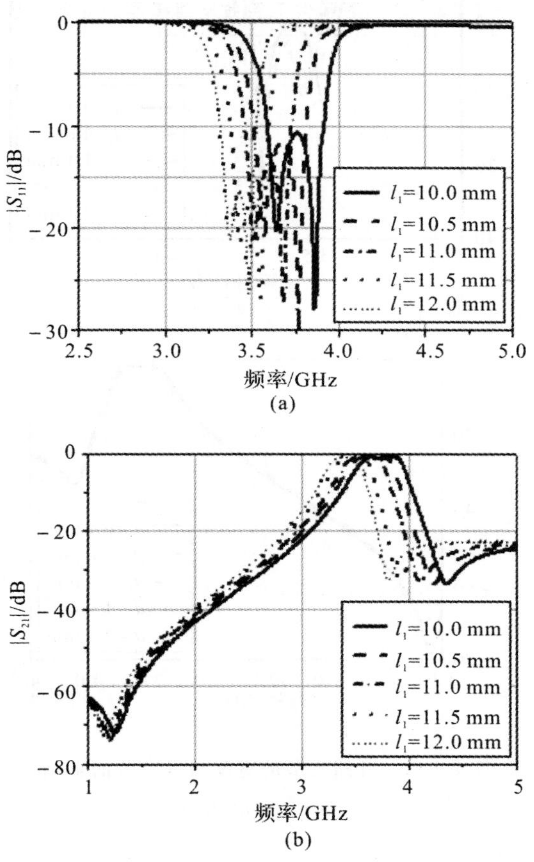

图 5-11　单元高度对 ***S*** 参数的影响

(a) $|S_{11}|$；(b) $|S_{21}|$

2. 开路支节的宽度

两侧开路支节的宽度由 d_1 表示，保持其余参数不变，依次改变 d_1（d_1 = 0.1 mm，0.6 mm，1.1 mm，1.6 mm，2.1 mm），得到 ***S*** 参数随 d_1 变化的曲线，如图 5-12 所示。图 5-12 中，S_{11} 曲线有两个反射零点，随着 d_1 的增加，低端反射零点和高端反射零点逐渐上移；S_{21} 曲线有两个传输零点，随着 d_1 的增加，高端传输零点几乎不动，而低端传输零点逐渐上移，可见 d_1 主要影响低端传输零点。总的来说，d_1 对反射零点和传输零点的变化影响很小。

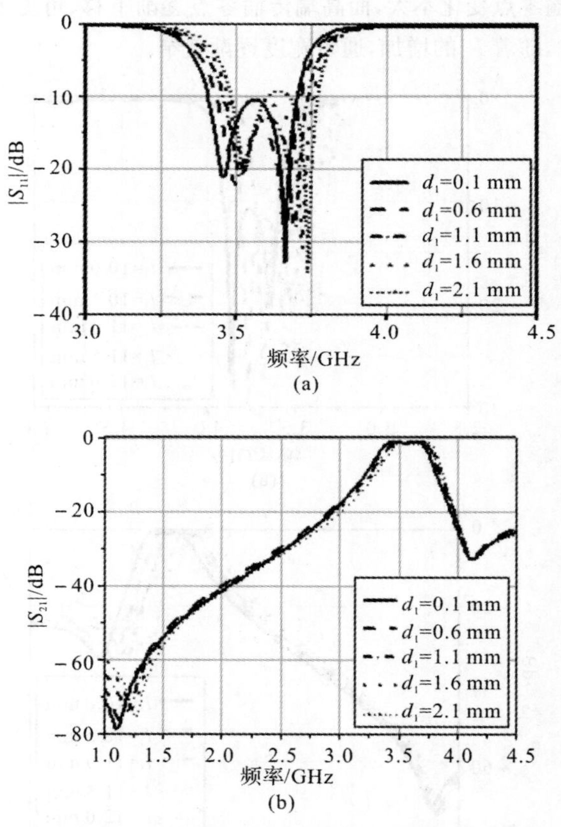

图 5-12　开路支节的宽度对 **S** 参数的影响

(a) $|S_{11}|$；(b) $|S_{21}|$

3. U 形槽的底部长度

U 形槽的底部长度由 l_2 表示，保持其余参数不变，依次改变 l_2（l_2 = 6 mm，6.5 mm，7 mm，7.5 mm，8 mm），得到 **S** 参数随 l_2 变化的曲线，如图 5-13所示。图 5-13 中，S_{11} 曲线有两个反射零点，随着 l_2 的增加，低端反射零点几乎没有变化，而高端反射零点迅速下降，可见 l_2 主要影响高端反射零点；S_{21} 曲线有两个传输零点，随着 l_2 的增加，低端传输零点几乎不动，而高端传输零点逐渐下降。

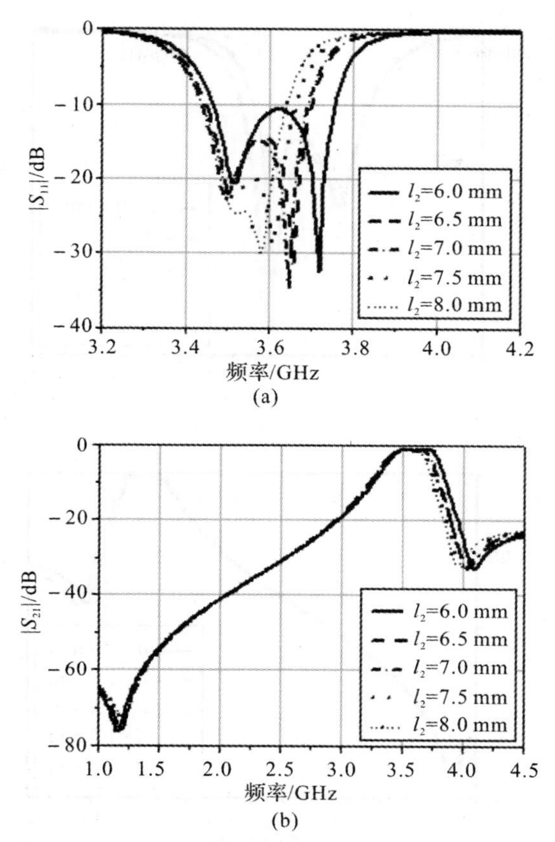

图 5-13　U 形槽的底部长度对 **S** 参数的影响

(a) $|S_{11}|$；(b) $|S_{21}|$

4. U 形槽的侧边高度

U 形槽的侧边高度由 d_2 表示，保持其余参数不变，依次改变 d_2（d_2 = 0.8 mm，1.1 mm，1.4 mm，1.7 mm，2 mm)，得到 **S** 参数随 d_2 变化的曲线，如图 5-14 所示。图 5-14 中，S_{11} 曲线有两个反射零点，随着 d_2 的增加，高端反射零点先上移后下降，而低端反射零点变化不大，可见 d_2 主要影响高端反射零点；S_{21} 曲线有两个传输零点，随着 d_2 的增加，高端传输零点先上移后下降，而低端反射零点变化不大，可见 d_2 主要影响高端传输零点。

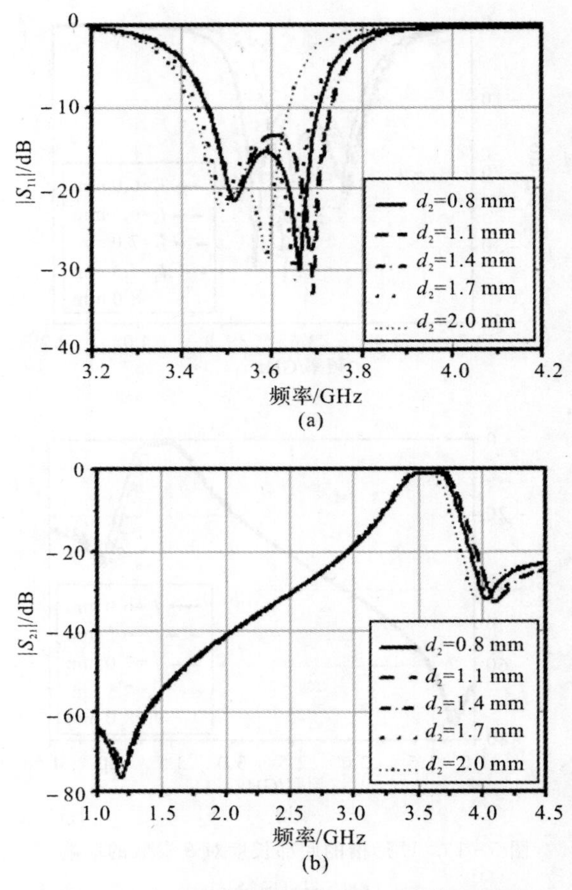

图 5-14　U 形槽的侧边高度对 **S** 参数的影响

(a)$|S_{11}|$;(b)$|S_{21}|$

5. 矩形缝隙的长度

单元中心的矩形缝隙的长度由 l_3 表示，保持其余参数不变，依次改变 l_3（l_3 =4 mm,4.5 mm,5 mm,5.5 mm,6 mm），得到 **S** 参数随 l_3 变化的曲线，如图 5-15 所示。图 5-15 中，S_{11} 曲线有两个反射零点，随着 l_3 的增加，高端反射零点下降，而低端反射零点变化不大，可见 l_3 的变化主要影响高端反射零点，最终两频点合为一个频点；S_{21} 曲线有两个传输零点，随着 l_3 的增加，高端传输零点下降，而低端反射零点变化不大，可见 l_3 的变化主要影响高端传输零点。

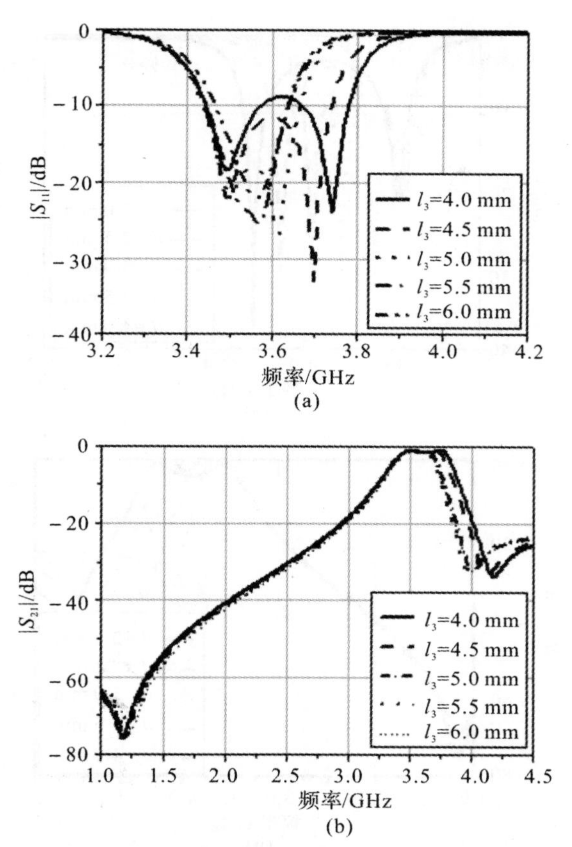

图 5-15　矩形缝隙的长度对 **S** 参数的影响

(a) $|S_{11}|$；(b) $|S_{21}|$

6. 矩形缝隙的宽度

单元中心矩形缝隙的宽度由 d_3 表示，依次改变 d_3（d_3 = 2 mm，2.5 mm，3 mm，3.5 mm，4 mm），得到 **S** 参数随 d_3 变化的曲线，如图 5-16 所示。图 5-16中，随着 d_3 的增加，高端反射零点下降，而低端反射零点变化不大，可见 d_3 主要影响高端反射零点；随着 d_3 的增加，高端传输零点下降，而低端反射零点变化不大，可见 d_3 主要影响高端传输零点。总的来说，d_3 主要影响高端反射零点和传输零点。

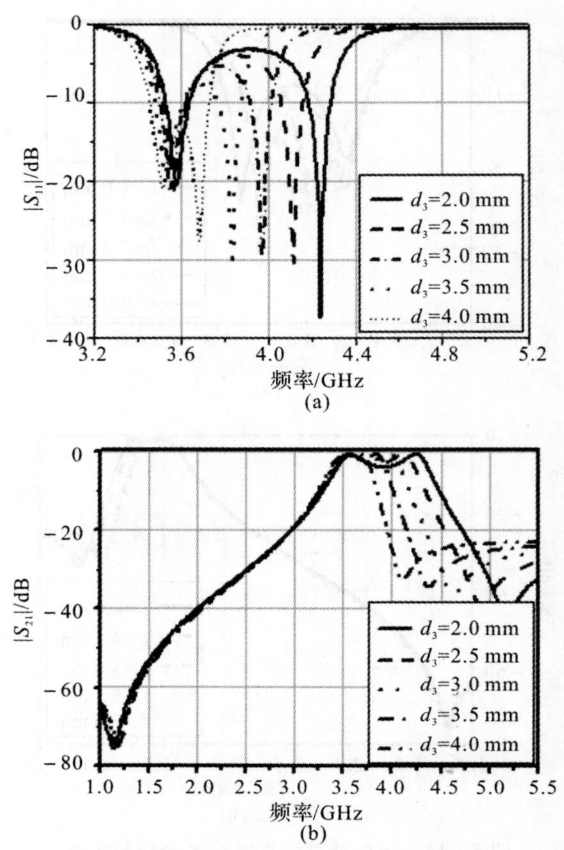

图 5-16 矩形缝隙的宽度对 **S** 参数的影响

(a) $|S_{11}|$；(b) $|S_{21}|$

7. U 形槽距中心的距离

U 形槽距结构单元中心的距离由 x 表示，依次改变 x（x = 2.2 mm，2.4 mm，2.6 mm，2.8 mm，3 mm），得到 **S** 参数随 x 变化的曲线，如图 5-17 所示。图 5-17 中，随着 x 的增加，高端反射零点先上移后下降，而低端反射零点变化不大，可见 x 主要影响高端反射零点；随着 x 的增加，高端传输零点先上移然后下降，而低端反射零点变化不大，可见 x 的变化主要影响高端传输零点。

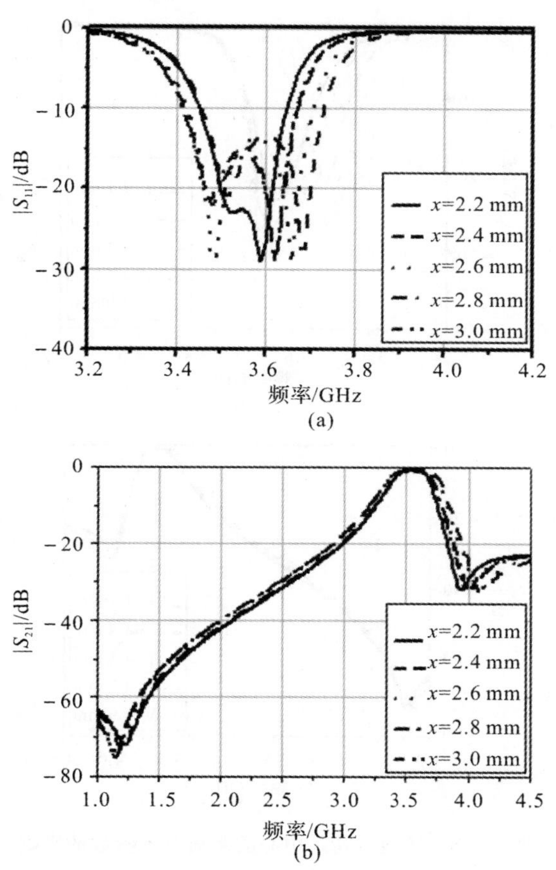

图 5－17　U 形槽距中心的距离对 **S** 参数的影响

(a) $|S_{11}|$；(b) $|S_{21}|$

8. 接地过孔距中心的距离

接地过孔距结构单元中心的距离由 y 表示，依次改变 y（y = 4.1 mm，4.3 mm，4.5 mm，4.7 mm，4.9 mm），得到 **S** 参数随 y 变化的曲线，如图5－18 所示。图 5－18 中，随着 y 的增加，低端反射零点下降，而高端反射零点上移，但低端下降更为明显，可见 y 主要影响低端反射零点；随着 y 的增加，高端传输零点上移，而低端反射零点下降。同时，随着 y 的增加，通带宽度逐渐增加。

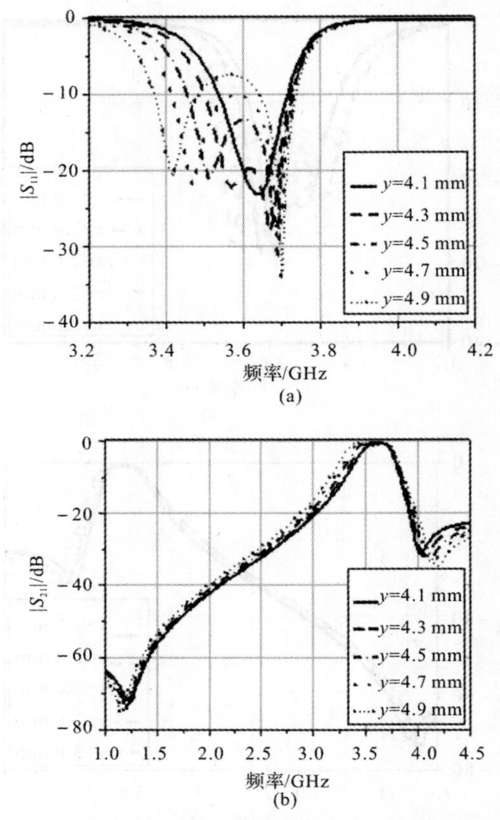

图 5-18　接地过孔距中心的距离对 **S** 参数的影响

(a) $|S_{11}|$；(b) $|S_{21}|$

5.3　新型复合左右手传输线结构平衡条件下的应用研究

通过对新型复合左右手传输线进行分析，发现在平衡条件下，该结构具有很好的带通滤波器的性质，本节对此带通特性的应用进行了研究，通过两级单元级联设计了一个选择性能良好的带通滤波器，仿真结果与实验结果基本吻合。

5.3.1　在带通滤波器中的应用研究

现代微波通信中，频谱资源的拥挤以及频带之间的相互干扰已成为影响通信质量的重要因素，因此设计具有良好矩形度的带通滤波器是解决此类问题的有效方法之一。

5.1.1 节提出的新型复合左右手传输线单元结构具有带通滤波器的特性，通过仿真发现，将两级单元级联后，带外抑制得到很大改善，矩形度变好。两级单元级联的结构如图 5－19 所示。图 5－19 中，两个单元的尺寸完全相同，单元之间有一个宽为 h 的缝隙，单元的尺寸表示同图 5－1。

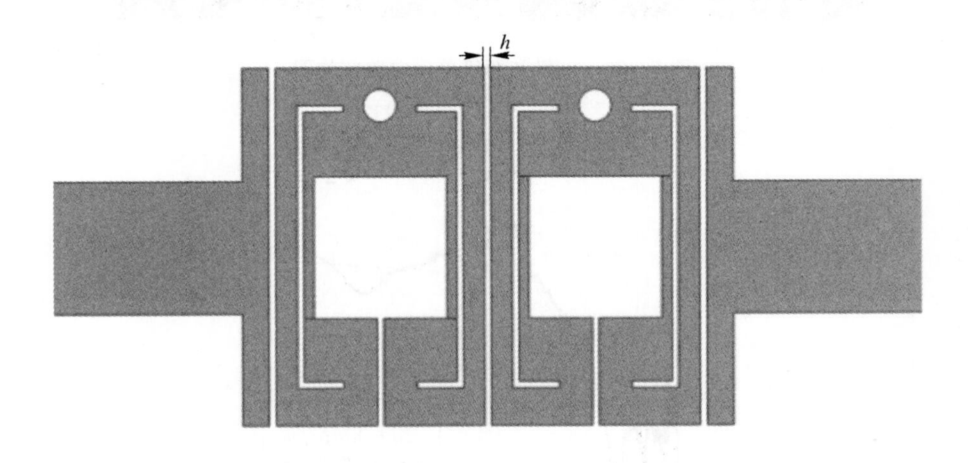

图 5－19　两级单元级联的结构图

带通滤波器的中心频率设计为 3.6 GHz，分别采用一级和两级单元电路进行设计。在 Ansoft Designer 中建立模型，一级和两级单元电路中 50 Ω 微带线的宽度 w 均为 4.1 mm，长度 l 均为 10 mm；缝隙的宽度及过孔半径保持不变：$w_1=0.12$ mm，$w_2=0.2$ mm，$w_3=0.2$ mm，$w_4=0.2$ mm，$r=0.5$ mm；其他参量见表 5－5。

表 5－5　一级和两级单元电路参数的数值　　单位：mm

	d	l_1	d_1	l_2	d_2	l_3	d_3	x	y	h
一级	6.28	11	0.79	7.2	1.4	4.8	4	2.4	4.5	—
两级	6.28	11	0.79	8.7	1.36	4.4	4	3.6	4.35	0.12

为验证该方法的有效性，对仿真结果进行了加工和实验，图 5－20 所示为一级和两级单元电路的实物图。图 5－21 和图 5－22 所示分别为一级、两级单元电路的仿真结果和实验结果。

图 5-20　一级和两级单元电路实物图

(a)一级；(b)两级

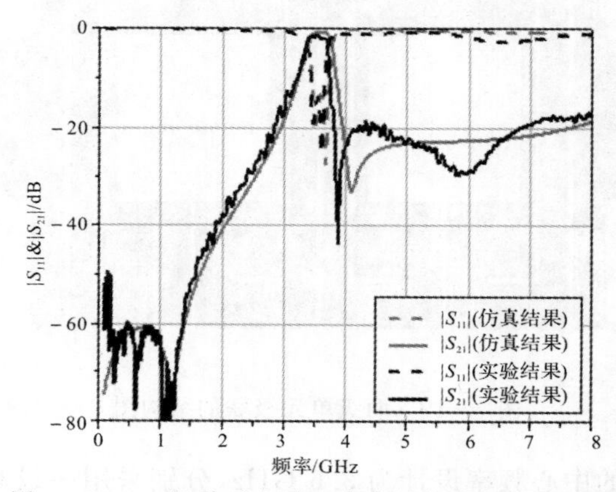

图 5-21　一级单元电路 **S** 参数的仿真和实验结果

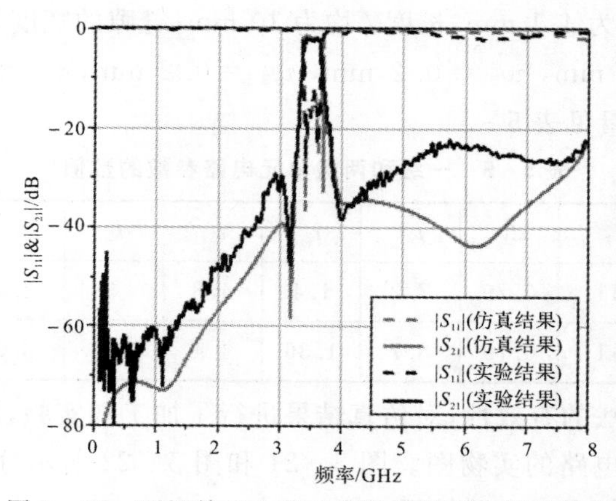

图 5-22　两级单元电路 **S** 参数的仿真和实验结果

带通滤波器的参数指标主要包括中心频率、通带内插入损耗、通带带宽、下边带和上边带的选择特性，等等，其中选择特性由式(3-2)计算。根据图5-21和图5-22所示的一级和两级单元电路**S**参数的仿真和实验结果，可以对所设计的带通滤波器的仿真与实验性能进行比较，其结果见表5-6。

表5-6　带通滤波器的仿真结果与实验结果对比

	滤波器类型	中心频率/GHz	带宽/GHz	插损/dB	选择特性/(dB·GHz^{-1})	
					下边带	上边带
仿真结果	一级	3.60	0.38	0.80	37.8	100
	两级	3.55	0.29	1.50	212.5	425
实验结果	一级	3.58	0.35	1.70	32.7	170
	两级	3.53	0.26	1.95	212.5	100

由表5-6可以看出，实验结果与仿真结果趋势一致，只是整个频带稍有下移，造成这一现象的主要原因，应该是加工误差及介质板的非理想性造成的，也有可能是仿真软件本身的计算误差。比较一级和两级单元电路的实验结果可看出，两级单元级联以后，带通滤波器的下边带出现了一个传输零点，使下边带的选择特性得到了很大改善，矩形度变好。存在的主要问题是两级单元级联以后，仿真结果和实验结果的通带内插损较大，这是下一步工作需要努力改善的地方。

5.3.2　在双工器中的应用研究

双工器就是解决收发共用一副天线而又使其不相互影响的问题而设计的微波器件，它兼有发射通道滤波器和接收通带滤波器。随着移动通信技术的不断发展，要求双工器成本低、尺寸小。在此要求下，微带形式的双工器得到了很大重视。通常，双工器由两个带通滤波器与匹配电路连接而成。具有发端口、收端口和天线端口。本节采用新型复合左右手传输线来设计双工器[84]。

根据5.3.1节带通滤波器的设计方法，通过两级单元级联方式分别设计了两个中心频率分别为3.5 GHz和4 GHz的带通滤波器，发端口、收端口和天线端口均接50 Ω微带线，采用厚度为1.5 mm、相对介电常数为2.65的聚四氟乙烯玻璃布板(F4B-2)。在仿真软件Ansoft Designer中建立模型，50 Ω微带线的宽度为4.1 mm，长度为10 mm；缝隙宽度及过孔半径保持不变，即w_1 = 0.12 mm，w_2 = 0.2 mm，w_3 = 0.2 mm，w_4 = 0.2 mm，r = 0.5 mm；其他参数的表示同图5-1，参数的数值见表5-7。

表 5-7 两个通道的带通滤波器参数的数值 单位:mm

通道	d	l_1	d_1	l_2	d_2	l_3	d_3	x	y	h
3.5 GHz	6.28	11	0.79	8.7	1.4	4.8	4	2.4	4.35	0.12
4.0 GHz	5.78	9	0.54	6.1	1.2	4.5	4	2.4	3.75	0.12

双工器结构如图 5-23 所示,其中 l_{12} =18.7 mm,l_{13} =19.8 mm。对其进行了数值仿真、实物加工和实验测量,图 5-24 所示为实物图,图 5-25 所示为仿真与实验结果。

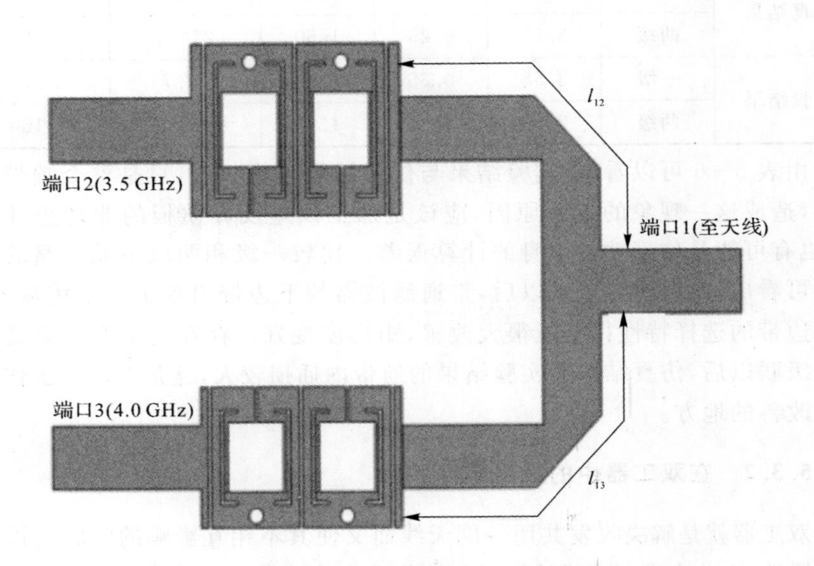

图 5-23 双工器结构图

图 5-24 双工器的实物图

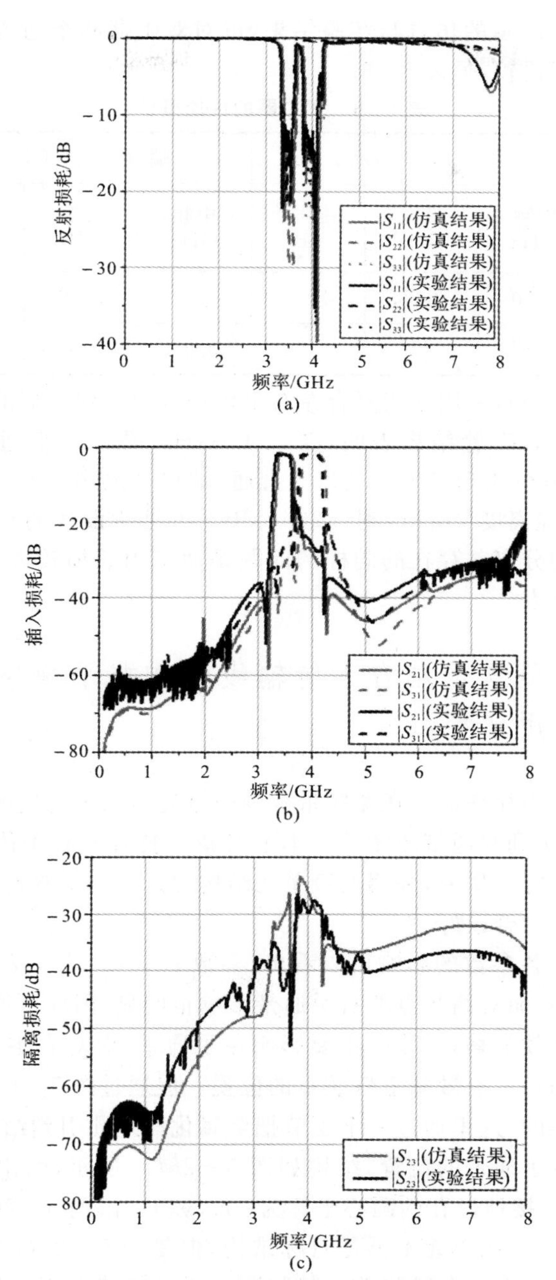

图 5-25　双工器的仿真与实验结果

(a)反射损耗；(b)插入损耗；(c)隔离损耗

由图 5-25 所示的仿真与实验结果,可对双工器两个通道滤波器的仿真与实验性能进行比较,见表 5-8。

表 5-8 双工器的性能概括

	端口 2(3.5 GHz)			端口 3(4.0 GHz)			隔离/dB
	中频/GHz	带宽/GHz	插损/dB	中频/GHz	带宽/GHz	插损/dB	
仿真结果	3.50	0.28	1.80	4.02	0.36	1.88	23.5
实验结果	3.47	0.28	1.95	3.98	0.37	1.97	26.5

由表 5-8 可知,采用新型复合左右手传输线设计双工器的仿真结果与实验结果基本吻合。实验结果表明,在 3.47 GHz,端口 2 直通,端口 3 隔离,$|S_{31}|=-27$ dB;在 3.98 GHz,端口 3 直通,端口 2 隔离,$|S_{21}|=-23$ dB;在这两个通带内,隔离度$|S_{23}|$达到-26.5 dB。可见所设计的双工器能够有效实现两个频带的分离。存在的同样的问题是通带内插损较大,这是下一步需要努力改进的地方。

5.4 新型复合左右手传输线结构非平衡条件下的应用研究

在微波系统中往往需要在宽频带范围内过滤出两个有用的信号并加以合成,这样就需要用到双通带滤波器。本节对新型复合左右手传输线在非平衡条件下的应用进行了研究,采用两级单元结构设计了一个双通带滤波器,仿真结果与实验结果吻合很好。

由 5.2 节中各参数的影响可以看出,参数 l_2 , d_2 , l_3 , d_3 对低频点的左手通带影响很小,而对高频点的右手通带影响很明显,因此可通过调节这四个参数使高频点有效上移;参数 y 主要影响左手通带,而对右手通带影响不大,所以增大 y 的值可以有效降低低频点的位置。但通过图 5-1 可以看出,y 值的增加是很有限的,这里通过一个支节把金属化接地孔引到结构外面去,这样就可有效降低左手通带的位置,结构如图 5-26(a)所示,引出支节的宽度为 W ,总长度为 L ,接地过孔的圆心坐标为(x_r,y_r)。由图 5-26(a)可以看出,由于引出了支节,一级单元不再是对称结构,但是图 5-26(b)所示的两极单元是对称结构,H 为两个对称单元的间距。通过仿真发现,级联后滤波器具有更好的带外抑制。

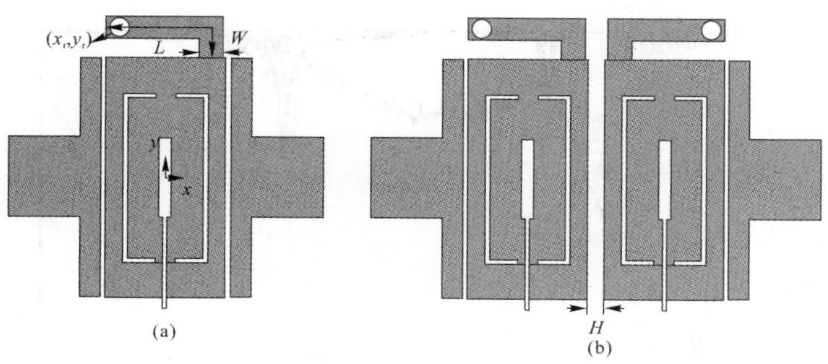

图5-26　一级和两级单元结构图

(a)一级;(b)两级

双通带滤波器的两个频率设计为 $f_1=2.0$ GHz和 $f_2=5.0$ GHz,分别采用一级和两级单元电路进行设计。采用厚度为1.5 mm、相对介电常数为2.65的聚四氟乙烯玻璃布板(F4B-2)作为介质板,50 Ω微带线的长度 l 为10 mm,宽度 w 为4.1 mm。一级单元电路的尺寸表示同图5-1,两级单元的参数数值与一级单元的完全相同,具体数值见表5-9。

表5-9　一级和两级单元参数的数值　　单位:mm

参数	d	l_1	d_1	l_2	d_2	l_3	d_3	w_1	w_2
数值	5.9	12.2	1	8.6	1.6	4	0.4	0.2	0.2
参数	w_3	w_4	r	x	W	L	x_r	y_r	H
数值	0.2	0.2	0.5	1.975	1.2	6.65	−2.3	7.6	0.8

使用仿真软件Ansoft HFSS对一级和两级单元电路进行仿真,加工了实物并进行了实验测量,图5-27给出实物图。图5-28和图5-29所示分别为一级、两级单元电路 **S** 参数的仿真和实验结果。

图5-27　一级和两级单元电路实物图

(a)一级;(b)两级

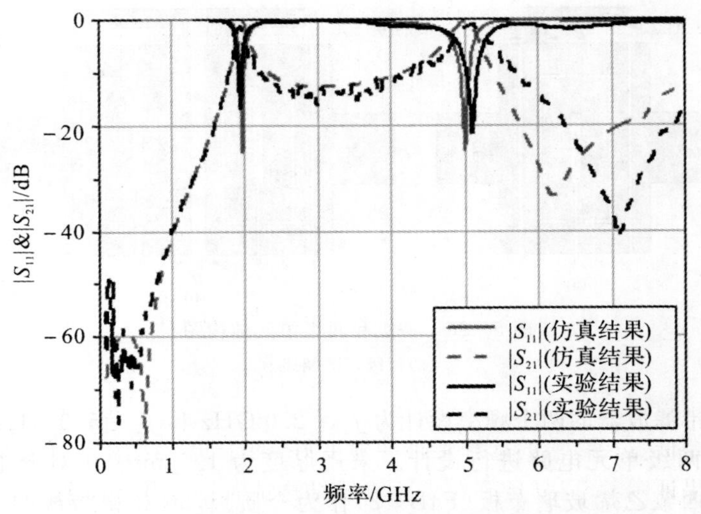

图 5-28　一级单元电路 **S** 参数的仿真和实验结果

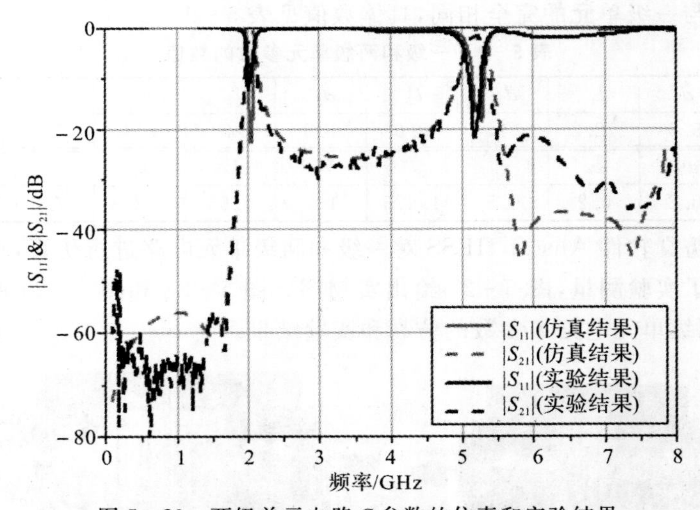

图 5-29　两级单元电路 **S** 参数的仿真和实验结果

根据图 5-28 和图 5-29，可以对双通带滤波器的仿真与实验结果进行比较，见表 5-10。

表 5 - 10　双通带滤波器的仿真与实验结果对比

	滤波器类型	左手通带		右手通带	
		f_1 /GHz	插损/dB	f_2 /GHz	插损/dB
仿真结果	一级	1.97	0.1	5	0.15
	两级	2.05	0.3	5.24	0.25
实验结果	一级	1.93	1.2	5.09	1.1
	两级	2	2.0	5.15	1.7

由表 5 - 10 可看出，实验结果与仿真结果一致，比较一级和两级单元电路的实验结果，可以发现，两级单元级联以后，双通带滤波器的带外抑制得到了很大改善，尤其是低端和高端的选择特性明显变好，两个通带之间的抑制度也有很大提高，结果证明，新型复合左右手传输线结构能很好地用于双通带滤波器的设计当中。存在的问题是通带内插入损耗的实验结果与仿真结果相比较差，分析原因应是加工精度、材料不理想以及 SMA 接头的焊接等因素造成的。

5.5　小　　结

本章主要对新型复合左右手传输线结构及其在平衡条件和非平衡条件下的应用进行了研究。

(1)提出了一种基于交指电容和短路支节电感的新型复合左右手传输线结构。运用 Bloch-Floquet 理论研究了其周期结构的色散曲线，证明了该结构是复合左右手传输线结构，提出了结构的等效电路模型，并且研究了结构参数的变化对 ***S*** 参数的影响。

(2)研究了新型复合左右手传输线结构在平衡条件下的应用。该复合左右手传输线在平衡条件下具有良好的带通滤波器效应，两级单元级联可使带外抑制得到很大改善。实验结果表明，两级单元级联以后，带通滤波器的矩形度变好。基于带通滤波器设计方法，设计了一个双工器。实验结果表明，所设计的双工器有效实现了两个频带的分离。

(3)研究了新型复合左右手传输线结构在非平衡条件下的应用。将复合左右手传输线的左手通带和右手通带分离，采用两级单元级联设计了双通带滤波器，实验结果表明，两级单元级联以后，双通带滤波器的带外抑制得到了很大改善，尤其是低端和高端的选择特性变好。

第6章 结 束 语

复合左右手传输线法的提出，为人们认识左手效应的物理机制提供了一个普遍方法，为基于传输线技术的左手材料的设计提供了理论依据。根据复合左右手传输线理论，本书在复合左右手传输线的设计及应用研究方面进行了有意义的探索，取得了阶段性的成果。

(1)对逆开口谐振单环的负介电常数效应及应用进行了研究。在传统逆开口谐振单环基础上，提出一种改进设计，可有效地控制传输零点的位置，并将改进结构应用到低通滤波器的设计和微带天线的谐波抑制中。

(2)对基于逆开口谐振单环的复合左右手传输线的小型化设计及应用进行了研究。在逆开口谐振单环负介电常数效应的基础上，将其与负磁导率效应的微带线间隙相结合，可在一定的频带获得左手传输通带。在传统分形方法研究复合左右手传输线小型化的基础上，提出了基于逆开口谐振单环的蜿蜒线法，并将其应用到分支线耦合器的小型化设计中。

(3)对基于交指电容和短路支节电感的新型复合左右手传输线结构进行了深入研究。运用 Bloch-Floquet 理论研究了其周期结构的色散曲线，证明该结构是复合左右手传输线结构，提出了单元结构的等效电路模型，并且研究了结构参数的变化对其 $\boldsymbol{S}$ 参数的影响。

(4)对新型复合左右手传输线结构在平衡条件和非平衡条件下的应用进行了研究。在平衡条件下，设计了一种新颖的带通滤波器，并基于带通滤波器的实现方式设计了一种新型双工器，实验结果表明，双工器有效地实现了两个频带的隔离；在非平衡条件下，将复合左右手传输线的左手通带和右手通带分离，制作了新型的双通带滤波器，实验结果表明，双通带滤波器有效实现了带内传输和带外抑制。

但还存在一些问题有待进一步研究。

(1)采用新型复合左右手传输线结构设计滤波器时，采用两级单元级联使选择特性得到了改善，但通带插损偏大，如何改进这一问题，开发出实用产品还有待研究。

(2)本书只对基于微带线的复合左右手传输线结构进行了设计及应用研究，而对其他类型的微波平面传输线还未涉及，比如槽线、共面波导等。

复合左右手传输线作为 21 世纪初的一个重大科学成果，有着非常光明的发展与应用前景，对它的研究只有短短的七八年时间，但已经取得了很大的成就。在复合左右手传输线的研究过程中，肯定会有一些分歧，甚至会走一些弯路，但相信经过学者的共同努力，这个新生事物一定会蓬勃发展。

参考文献

[1] 王一平. 工程电动力学[M]. 西安：西安电子科技大学出版社，2007.

[2] VESELAGO V G . The Electrodynamics of Substances with Simultaneously Negative Values of ε and μ [J]. Soviet Physics Uspekhi，1968，10(4):509 - 514.

[3] 隋强. 微波异向介质的实验及理论研究[D]. 北京：中国科学院研究生院，2005.

[4] 安建. 复合左右手传输线理论与应用研究[D]. 西安：空军工程大学，2009.

[5] BERMAN P R. Goos-Hänchen Shift in Negatively Refractive Media [J]. Physical Review E，2002，66:067603.

[6] PENDRY J B，HOLDEN A J，STEWART W J，et al. Extremely Low Frequency Plasmons in Metallic Mesostructures [J]. Physical Review Letters，1996，76(25):4773 - 4776.

[7] PENDRY J B，HOLDEN A J，ROBBINS D J，et al. Magnetism from Conductors and Enhanced Nonlinear Phenomena [J]. IEEE Transactions on Microwave Theory and Techniques，1999，47(11):2075 - 2084.

[8] SMITH D R，PADILLA W J，VIER D C，et al. Composite Medium with Simultaneously Negative Permeability and Permittivity [J]. Physical Review Letters，2000，84(18):4184 - 4187.

[9] SHELBY R A，SMITH D R，SCHULTZ S. Experimental Verification of a Negative Index of Refraction [J]. Science，2001，292(6):77 - 79.

[10] SANADA A，CALOZ C，ITOH T. Planar Distributed Structures with Negative Refractive Index [J]. IEEE Transactions on Microwave Theory and Techniques，2004，52(4):1252 - 1263.

[11] CALOZ C，ITOH T. Transmission Line Approach of Left-Handed (LH) Materials and Microstrip Implementation of an Artificial LH Transmission Line [J]. IEEE Transactions on Antennas and Propagation，2004，52(5):1159 - 1166.

[12] ELEFTHERIADES G V, IYER A K, KREMER P C. Planar Negative Refractive Index Media Using Periodically *L-C* Loaded Transmission Lines [J]. IEEE Transactions on Microwave Theory and Techniques, 2002, 50(12):2702 - 2712.

[13] IYER A K, KREMER P C, ELEFTHERIADES G V. Experimental and Theoretical Verification of Focusing in a Large, Periodically Loaded Transmission Line Negative Refractive Index Metamaterial [J]. Optics Express, 2003, 11(7):696 - 708.

[14] MARTÍN F, BONACHE J, FALCONE F, et al. Split Ring Resonator-Based Left-Handed Coplanar Waveguide [J]. Appl Phys Lett, 2003, 83(22):4652 - 4654.

[15] MARTÍN F, FALCONE F, BONACHE J, et al. Left Handed Coplanar Waveguide Band Pass Filters Based on Bi-Layer Split Ring Resonators [J]. IEEE Microwave and Wireless Component Letters, 2004, 14(1):10 - 12.

[16] FALCONE F, LOPETEGI T, LASO M A G, et al. Babinet Principle Applied to the Design of Metasurfaces and Metamaterials [J]. Physical Review Letters, 2004, 93(19):197401.

[17] FALCONE F, LOPETEGI T, BAENA J D, et al. Effective Negative-ε Stopband Microstrip Lines Based on Complementary Split ring Resonators [J]. IEEE Microwave and Wireless Component Letters, 2004, 14(6):280 - 282.

[18] BAENA J D, BONACHE J, MARÍN F, et al. Equivalent-Circuit Models for Split-Ring Resonators and Complementary Split-Ring Resonators Coupled to Planar Transmission Lines [J]. IEEE Transactions on Microwave Theory and Techniques, 2005, 53(4):1451 - 1461.

[19] SCHURIG D, MOCK J J, JUSTICE B J, et al. Metamaterial Electromagnetic Cloak at Microwave Frequencies [J]. Science, 2006, 314:977 - 980.

[20] MARKOŠ P, SOUKOULIS C M. Numerical Studies of Left-Handed Materials and Arrays of Split Ring Resonators [J]. Physical Review E, 2002, 65:036622.

[21] AGRANOVICH V M, SHEN Y R, BAUGHMAN R H, et al. Linear

and Nonlinear Wave Propagation in Negative Refraction Metamaterials [J]. Physical Review B, 2004, 69:165112.

[22] ALÙ A, ENGHETA N. Guided Modes in a Waveguide Filled with a Pair of Single-Negative (SNG), Double-Negative (DNG), and/or Double-Positive (DPS) Layers [J]. IEEE Transactions on Microwave Theory and Techniques, 2004, 52(1):199 - 210.

[23] SIMOVSKI C R, SAUVIAC B. Role of Wave Interaction of Wires and Split-Ring Resonators for the Losses in a Left-Handed Composite [J]. Physical Review E, 2004, 70:046607.

[24] SMITH D R, SCHULTZ S, MARKOS P, et al. Determination of Effective Permittivity and Permeability of Metamaterials from Reflection and Transmission Coefficients [J]. Physical Review B, 2002, 65:195104.

[25] KOSCHNY T, KAFESAKI M, ECONOMOU E N, et al. Effective Medium Theory of Left-Handed Materials [J]. Physical Review Letters, 2004, 93(10):107402.

[26] ALEXOPOULOS N G, KYRIAZIDOU C A, CONTOPANAGOS H F. Effective Parameters for Metamorphic Materials and Metamaterials Through a Resonant Inverse Scattering Approach [J]. IEEE Transactions on Microwave Theory and Techniques, 2007, 55(2):254 - 267.

[27] ZIOLKOWSKI R W. Design, Fabrication, and Testing of Double Negative Metamaterials [J]. IEEE Transactions on Antennas and Propagation, 2003, 51(7):1516 - 1529.

[28] HOLLOWAY C L, KUESTER E. A Double Negative Composite Medium Composed of Magneto-Dielectric Spherical Particles Embedded in a Matrix [J]. IEEE Antennas Wireless Propagation Letters, 2003, 51: 2596 - 2603.

[29] LIN I H, DEVINCENTIS M, CALOZ C, et al. Arbitrary Dual-Band Components Using Composite Right/Left-Handed Transmission Lines [J]. IEEE Transactions on Microwave Theory and Techniques, 2004, 52(4):1142 - 1149.

[30] OKABE H, CALOZ C, ITOH T. A Compact Enhanced-Bandwidth Hybrid Ring Using an Artificial Lumped-Element Left-Handed Trans-

mission-Line Section [J]. IEEE Transactions on Microwave Theory and Techniques, 2004, 52(3):798-804.

[31] HORII Y, CALOZ C, ITOH T. Super-Compact Multilayered Left-Handed Transmission Line and Diplexer Application [J]. IEEE Transactions on Microwave Theory and Techniques, 2005, 53(4):1527-1534.

[32] MAO S G, CHUEH Y Z. Broadband Composite Right/Left-Handed Coplanar Waveguide Power Splitters with Arbitrary Phase Responses and Balun and Antenna Applications [J]. IEEE Transactions on Antennas and Propagation, 2006, 54(1):243-250.

[33] GIL M, BONACHE J, GARCÍA J, et al. Composite Right/Left-Handed Metamaterial Transmission Lines Based on Complementary Split-Rings Resonators and Their Applications to Very Wideband and Compact Filter Design [J]. IEEE Transactions on Microwave Theory and Techniques, 2007, 55(6):1296-1304.

[34] LIM S, CALOZ C, ITOH T. Metamaterial-Based Electronically Controlled Transmission-Line Structure as a Novel Leaky-Wave Antenna with Tunable Radiation Angle and Beamwidth [J]. IEEE Transactions on Microwave Theory and Techniques, 2005, 53(1):161-173.

[35] XIANG Y J, DAI X Y, WEN S C. Total Reflection of Electromagnetic Waves Propagating from an Isotropic Medium to an Indefinite Metamaterial [J]. Optics Communications, 2007, 274:248-253.

[36] 董正高. 金属基元的电磁材料中负折射现象的数值研究[D]. 南京：南京大学，2006.

[37] CUI T J, HAO Z C, YIN X X, et al. Study of Lossy Effects on the Propagation of Propagating and Evanescent Waves in Left-Handed Materials [J]. Physics Letters A, 2004, 323:484-494.

[38] 赵乾，赵晓鹏，康雷，等. 一维负磁导率材料中的缺陷效应[J]. 物理学报，2004, 53(7):2206-2211.

[39] RAN L X, HUANGFU J T, CHEN H S, et al. Microwave Solid-State Left-Handed Material with a Broad Bandwidth and an Ultralow Loss [J]. Physical Review B, 2004, 70:073102.

[40] CHEN H S, RAN L X, HUANGFU J T, et al. Left-Handed Materi-

als Composed of Only S-Shaped Resonators [J]. Physical Review E, 2004，70:057605.

[41] 陈红胜. 异向介质等效电路理论及实验的研究[D]. 杭州：浙江大学，2005.

[42] ZHANG Z X，XU S J. A Novel Feeding Network with Composite Right/Left-Handed Transmission Line for 2-Dimension Millimeter Wave Patch Arrays [C]// APMC2005 Proceedings，Suzhou：2005.

[43] CALOZ C，ITOH T. Electromagnetic Metamaterials：Transmission Line Theory and Microwave Applications [M]. New Jersey：John Wiley & Sons，Inc，2006.

[44] 廖承恩. 微波技术基础[M]. 西安：西安电子科技大学出版社，1994.

[45] 党晓杰. PBG 及左手媒质的理论和应用[D]. 西安：西安电子科技大学，2006.

[46] PENDRY J B，SMITH D R. Comment on Wave Refraction in Negative Index Media：Always Positive and Very Inhomigeneous [J]. Physical Review Letters，2003，90:029303.

[47] CUI T J，KONG J A. Time Domain Electromagnetic Energy in a Frequency-Dispersive Left-Handed Mediurn [J]. Physical Review B, 2004，70:205106.

[48] 毛钧杰. 微波技术与天线[M]. 北京：科学出版社，2006.

[49] ELEFTHERIADES G V，SIDDIQUI O，IYER A K. Transmission Line Models for Negative Refractive Index Media and Associated Implementations without Excess Resonators [J]. IEEE Microwave and Wireless Component Letters，2003，13(2):51－53.

[50] WU H W，WENG M H，SU Y K，et al. Propagation Characteristics of Complementary Split Ring Resonator for Wide Bandgap Enhancement in Microstrip Bandpass Filter [J]. Microwave and Optical Technology Letters，2007，49(2):292－295.

[51] KADDOUR D，PISTONO E，DUCHAMP J M，et al. A Compact and Selective Low-Pass Filter with Reduced Spurious Responses，Based on CPW Tapered Periodic Structures [J]. IEEE Transactions on Microwave Theory and Techniques，2006，54(6):2367－2375.

[52] TU W H，CHANG K. Microstrip Elliptic-Function Low-Pass Filters

Using Distributed Elements or Slotted Ground Structure [J]. IEEE Transactions on Microwave Theory and Techniques, 2006, 54(10): 3786 - 3792.

[53] HUANG S Y,LEE Y H. Compact U-Shaped Dual Planar EBG Microstrip Low-Pass Filter [J]. IEEE Transactions on Microwave Theory and Techniques, 2005, 53(12):3799 - 3805.

[54] HUANG S Y, LEE Y H. Tapered Dual-Plane Compact Electromagnetic Bandgap Microstrip Filter Structures [J]. IEEE Transactions on Microwave Theory and Techniques, 2005, 53(9):2656 - 2664.

[55] 陈文灵. 分形几何在微波工程中的应用研究[D]. 西安:空军工程大学, 2008.

[56] 杨瑾屏, 吴文. 谐振加载耦合微带线传输特性分析及其应用研究[J]. 微波学报, 2008, 24(3):48 - 52.

[57] LI L Y,LIU H W, TENG B H, et al. Novel Microstrip Lowpass Filter Using Stepped Impedance Resonator and Spurline Resonator [J]. Microwave and Optical Technology Letters, 2009, 51(1):196 - 197.

[58] 吴边, 李斌, 梁昌洪. 一种新型开环谐振器缺陷地面结构低通滤波器[J]. 电子与信息学报, 2007, 29(12):3020 - 3023.

[59] DWARI S, SANYAL S. Compact Sharp Cutoff Wide Stopband Microstrip Low-Pass Filter Using Complementary Split Ring Resonator [J]. Microwave and Optical Technology Letters, 2007, 49 (11): 2865 - 2867.

[60] 钟顺时. 微带天线理论与应用[M]. 西安:西安电子科技大学出版社, 1991.

[61] 王亚洲, 苏东林, 肖永轩, 等. 宽频带正方形微带贴片天线的设计[J]. 微波学报, 2006, 22(6):29 - 31.

[62] HORII Y, TSUTSUMI M. Harmonic Control by Photonic Bandgap on Microstrip Patch Antenna [J]. IEEE Microwave and Wireless Components Letters, 1999, 9:13 - 15.

[63] SUNG Y J,KIM M, KIM Y S. Harmonics Reduction with Defected Ground Structure for a Microstrip Patch Antenna [J]. IEEE Microwave and Wireless Components Letters, 2003, 2:111 - 113.

[64] LIU H, LI Z, SUN X, et al. Harmonic Suppression with Photonic

Bandgap and Defected Ground Structure for a Microstrip Patch Antenna [J]. IEEE Microwave and Wireless Components Letters, 2005, 15: 55-56.

[65] MANDAL M K, MONDAL P, SANYAL S, et al. An Improved Design of Harmonic Suppression for Microstrip Patch Antennas [J]. Microwave and Optical Technology Letters, 2007, 49:103-105.

[66] SUNG Y J, KIM Y S. An Improved Design of Microstrip Patch Antennas Using Photonic Bandgap Structure [J]. IEEE Transactions on Antennas and Propagation, 2005, 53(5):1799-1804.

[67] LEE J G, LEE J H. Suppression of Spurious Radiations of Patch Antennas Using Split Ring Resonators(SRRs) [J]. Microwave and Optical Technology Letters, 2006, 48:283-287.

[68] 牛家晓. 谐振式左手传输线结构及其应用研究[D]. 上海:上海交通大学, 2007.

[69] SARCIONE M, KOLIAS N, BOOEN M, et al. Looking ahead: the Future of RF Technology, Military and Homeland Perspectives [J]. Microwave Journal, 2008, 51(7):52-62.

[70] TAYLOR R. RF Market Directions: The Lockheed Martin Perspective [C]. Maryland: Lockheed Martin Corporation, 2008.

[71] BONACHE J, FALCONE F, BAENA J D, et al. Application of Complementary Split Rings Resonators to the Design of Compact Narrow Band Pass Structure in Microstrip Technology [J]. Microwave and Optical Technology Letters, 2005, 46:508-512.

[72] FALCONER K. Fractal Geometry: Mathematical Foundations and Application(Second Edition) [M]. New Jersey: John Wiley & Sons, Ltd, 2003.

[73] BENGIN V C, RADONIC V, JOKANOVIC B. Fractal Geometries of Complementary Split-Ring Resonators [J]. IEEE Transactions on Microwave Theory and Techniques, 2008, 56(10):2312-2321.

[74] NG C Y, CHONGCHEAWCHAMNAN M, AFTANASAR M S, et al. Miniature X-band Branch-Line Coupler Using Photoimageable Thick-Film Materials [J]. Electronics Letters, 2001, 37(19):1167-1168.

[75] SUNG Y J, AHN C S, KIM Y S. Size Reduction and Harmonic Sup-

pression of Rat-Race Hybrid Coupler Using Defected Ground Structure [J]. IEEE Microwave and Wireless Components Letters, 2004, 14 (1):7－9.

[76] CHIANG Y C, CHEN C Y. Design of a Wide-Band Lumped-Element 3-dB Quadrature Coupler [J]. IEEE Transactions on Microwave Theory and Techniques, 2001, 49(3):476－479.

[77] AWIDA M H, SAFWAT A M E, HENNAWY H E. Compact Rat-Race Hybrid Coupler Using Meander Spacefilling Curves [J]. Microwave and Optical Technology Letters, 2006, 48(3):606－609.

[78] WANG C W, MA T G, YANG C F. A New Planar Artificial Transmission Line and Its Applications to a Miniaturized Butler Matrix [J]. IEEE Transactions on Microwave Theory and Techniques, 2007, 55 (12):2792－2801.

[79] GIL M, BONACHE J, SELGA J, et al. Broadband Resonant-Type Metamaterial Transmission Lines [J]. IEEE Microwave and Wireless Components Letters, 2007, 17(2):97－99.

[80] GRBIC A, ELEFTHERIADES G V. A Backward-Wave Antenna Based on Negative Refractive Index *L-C* Networks [J]. Proc IEEE-AP-S USNC/URSI National Radio Science Meeting, 2002, 4:340－343.

[81] GII M, BONACHE J, GIL I, et al. Artificial Left-Handed Transmission Lines for Small Size Microwave Components: Application to Power Dividers [C]// 2006 EuMA, Manchester: 2006.

[82] BONACHE J, GIL M, GIL I, et al. On the Electrical Characteristics of Complementary Metamaterial Resonators [J]. IEEE Microwave and Wireless Components Letters, 2006, 16(10):543－545.

[83] CALOZ C, ITOH T. Positive/Negative Refractive Index Anisotropic 2-D Metamaterials [J]. IEEE Microwave and Wireless Components Letters, 2003, 13:547－549.

[84] 王光明，许河秀，梁建刚，等. 紧凑型异向介质:机理、设计与应用[M]. 北京:国防工业出版社，2015.